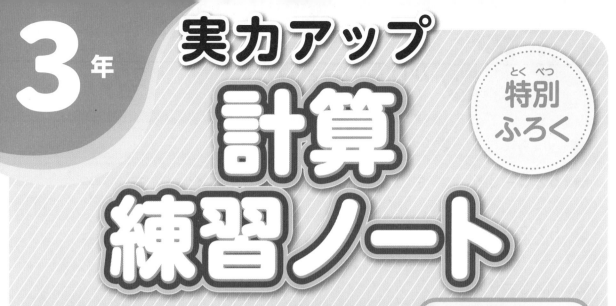

3年

実力アップ 計算 練習ノート

計算力がぐんぐんのびる！

このふろくは すべての教科書に対応した 全教科書版です。

年	組	名前

「計算練習ノート」はとりはずして使用できます。

1 かけ算のきまり

時間 20分

とく点

/100点

🍓 □にあてはまる数を書きましょう。　　　　　　　　　　　1つ6〔48点〕

❶ 8×3=3×□=□

❷ 4×7=7×□=□

❸ 5×2=2×□=□

❹ 3×1=1×□=□

❺ 9×5=9×4+□

❻ 9×5=9×6−□

❼ 6×8=6×7+□

❽ 6×8=6×9−□

🍌 計算をしましょう。　　　　　　　　　　　　　　　　　1つ5〔20点〕

❾ 0×8

❿ 7×0

⓫ 0×0

⓬ 5×0

🍒 □にあてはまる数を書きましょう。　　　　　　　　　　1つ8〔32点〕

⓭ 7×5 ⎨ 3 ×5=□
　　　　　 □ ×5=□ ⎬ あわせて □

⓮ 10×9 ⎨ 6×□=□
　　　　　　4×□=□ ⎬ あわせて □

⓯ 13×4 ⎨ 8×□=□
　　　　　　□×4=□ ⎬ あわせて □

⓰ 15×6 ⎨ 10×□=□
　　　　　　□×6 =□ ⎬ あわせて □

2 わり算(1)

時間 20分

とく点 /100点

🍍 計算をしましょう。

1つ5〔90点〕

① $18 \div 2$　　　② $32 \div 8$

③ $45 \div 9$　　　④ $6 \div 3$

⑤ $24 \div 8$　　　⑥ $30 \div 6$

⑦ $35 \div 5$　　　⑧ $27 \div 9$

⑨ $12 \div 3$　　　⑩ $16 \div 2$

⑪ $8 \div 1$　　　⑫ $4 \div 4$

⑬ $36 \div 6$　　　⑭ $63 \div 7$

⑮ $8 \div 4$　　　⑯ $7 \div 1$

⑰ $49 \div 7$　　　⑱ $30 \div 5$

🍇 色紙が45まいあります。5人で同じ数ずつ分けると、1人分は何まいになりますか。

1つ5〔10点〕

式

答え（　　　　　　　）

3 わり算 (2)

時間 20分

とく点
/100点

🍎 計算をしましょう。

1つ5〔90点〕

① 14÷2

② 40÷5

③ 56÷7

④ 36÷4

⑤ 5÷1

⑥ 40÷8

⑦ 16÷4

⑧ 24÷6

⑨ 7÷7

⑩ 63÷9

⑪ 9÷3

⑫ 42÷6

⑬ 9÷1

⑭ 15÷5

⑮ 12÷2

⑯ 21÷3

⑰ 72÷8

⑱ 36÷9

🍓 35こあるあめを、1人に7こずつ分けると、何人に分けられますか。

式

1つ5〔10点〕

答え (　　　　　　　)

4 時こくと時間

 時間 **20** 分

とく点

/100点

🍇 □にあてはまる数を書きましょう。　　　　　　　　1つ6〔48点〕

① 1時間＝　　　　分

② 2分＝　　　　秒

③ 3時間20分＝　　　　分

④ 150分＝　　　時間　　　分

⑤ 1分55秒＝　　　　秒

⑥ 105秒＝　　　分　　　秒

⑦ 4分38秒＝　　　　秒

⑧ 196秒＝　　　分　　　秒

🍎 次の時こくをもとめましょう。　　　　　　　　1つ10〔20点〕

⑨ 3時30分から50分後の時こく

（　　　　　　　　　）

⑩ 5時20分から40分前の時こく

（　　　　　　　　　）

🍓 次の時間をもとめましょう。　　　　　　　　1つ10〔20点〕

⑪ 午前8時50分から午前9時40分までの時間

（　　　　　　　　　）

⑫ 午後4時30分から午後5時10分までの時間

（　　　　　　　　　）

🍌 国語を40分、算数を50分勉強しました。あわせて何時間何分勉強しましたか。　　　　　　　　1つ6〔12点〕

式

答え（　　　　　　　　　）

5 たし算とひき算 (1)

🍉 計算をしましょう。

1つ6〔54点〕

① 423+316

② 275+22

③ 547+135

④ 680+241

⑤ 363+178

⑥ 459+298

⑦ 570+176

⑧ 667+38

⑨ 791+9

🍍 計算をしましょう。

1つ6〔36点〕

⑩ 837+362

⑪ 927+255

⑫ 693+854

⑬ 826+588

⑭ 982+18

⑮ 417+783

🍇 761cmと949cmのひもがあります。あわせて何cmありますか。

式

1つ5〔10点〕

答え (　　　　　　)

6 たし算とひき算 (2)

🍎計算をしましょう。

1つ6〔54点〕

① 827−113

② 758−46

③ 694−235

④ 568−276

⑤ 921−437

⑥ 726−356

⑦ 854−86

⑧ 573−9

⑨ 618−584

🍓計算をしましょう。

1つ6〔36点〕

⑩ 708−365

⑪ 805−647

⑫ 900−289

⑬ 300−64

⑭ 507−439

⑮ 403−398

🍌917だんある階だんがあります。いま、478だんまでのぼりました。あと何だんのこっていますか。

1つ5〔10点〕

式

答え (　　　　　　　)

7 たし算とひき算 (3)

時間 20分

とく点 /100点

🍒計算をしましょう。

1つ6〔36点〕

① 963+357

② 984+29

③ 995+8

④ 1000−283

⑤ 1005−309

⑥ 1002−7

🍉計算をしましょう。

1つ6〔54点〕

⑦ 1376+2521

⑧ 4458+3736

⑨ 5285+1832

⑩ 1429−325

⑪ 1357−649

⑫ 2138−568

⑬ 3218−2107

⑭ 4385−3639

⑮ 3408−3099

🍍3845円の服を買って、4000円はらいました。おつりはいくらですか。

式

1つ5〔10点〕

答え (　　　　　)

8 長さ

時間 20分

とく点

/100点

🍒 □にあてはまる数を書きましょう。

1つ7〔84点〕

① 2km= [　　　] m

② 5000m= [　　　] km

③ 2800m= [　　] km [　　] m

④ 4080m= [　　] km [　　] m

⑤ 3km400m= [　　　] m

⑥ 5km50m= [　　　] m

⑦ 400m+700m= [　　] km [　　] m

⑧ 2km600m+200m= [　　] km [　　] m

⑨ 1km700m+300m= [　　] km

⑩ 1km−400m= [　　　] m

⑪ 2km−600m= [　　] km [　　] m

⑫ 3km800m−500m= [　　] km [　　] m

🍉 学校から駅までの道のりは1km900m、学校から図書館までの道のりは600mです。学校からは、駅までと図書館までのどちらの道のりのほうが何km何m長いですか。

1つ8〔16点〕

式

答え（　　　　　　　　）

9 あまりのあるわり算 (1)

時間 20分

とく点

/100点

🍌 計算をしましょう。

1つ5〔90点〕

① 27÷7

② 16÷5

③ 13÷2

④ 19÷7

⑤ 22÷5

⑥ 15÷2

⑦ 79÷9

⑧ 28÷3

⑨ 43÷6

⑩ 51÷8

⑪ 38÷4

⑫ 54÷7

⑬ 21÷6

⑭ 25÷4

⑮ 22÷3

⑯ 62÷8

⑰ 32÷5

⑱ 51÷9

🍒 70本のえん筆を、9本ずつたばにします。何たばできて、何本あまりますか。

1つ5〔10点〕

式

答え (　　　　　　　　　　　)

10 あまりのあるわり算 (2)

時間20分　とく点 /100点

🍉計算をしましょう。

1つ5〔90点〕

① 13÷4

② 5÷3

③ 58÷7

④ 85÷9

⑤ 19÷9

⑥ 50÷6

⑦ 19÷3

⑧ 26÷5

⑨ 13÷8

⑩ 30÷4

⑪ 26÷3

⑫ 46÷8

⑬ 44÷5

⑭ 11÷2

⑮ 9÷2

⑯ 35÷4

⑰ 27÷6

⑱ 22÷7

🍍あめが60こあります。1ふくろに8こずつ入れていきます。全部のあめをふくろに入れるには、何ふくろいりますか。

1つ5〔10点〕

式

答え（　　　　　）

11 Ｉけたをかけるかけ算 (1)

🍇 計算をしましょう。　　　　　　　　　　　　　　　　　　1つ6〔54点〕

① 20×4　　　　② 30×3　　　　③ 10×7

④ 20×5　　　　⑤ 30×8　　　　⑥ 50×9

⑦ 200×3　　　　⑧ 100×6　　　　⑨ 400×8

🍎 計算をしましょう。　　　　　　　　　　　　　　　　　　1つ6〔36点〕

⑩ 11×9　　　　⑪ 24×2　　　　⑫ 32×3

⑬ 12×5　　　　⑭ 17×4　　　　⑮ 14×6

🍓 Ｉたば13まいある画用紙が7たばあります。全部で何まいありますか。

式　　　　　　　　　　　　　　　　　　　　　　　　　1つ5〔10点〕

答え（　　　　　　　　　）

12 1けたをかけるかけ算 (2)

🍌 計算をしましょう。　　　　　　　　　　　　　　　　1つ6〔36点〕

① 64×2 　　　② 52×4 　　　③ 73×3

④ 41×7 　　　⑤ 92×2 　　　⑥ 21×8

🍒 計算をしましょう。　　　　　　　　　　　　　　　　1つ6〔54点〕

⑦ 32×5 　　　⑧ 27×9 　　　⑨ 15×7

⑩ 35×4 　　　⑪ 19×6 　　　⑫ 53×8

⑬ 68×9 　　　⑭ 46×3 　　　⑮ 98×5

🍉 1こ85円のガムを6こ買うと、代金はいくらですか。　　　1つ5〔10点〕

式

答え (　　　　　　　　　)

13　1けたをかけるかけ算 (3)

🍍 計算をしましょう。 1つ6〔36点〕

① 434×2　　② 122×4　　③ 332×3

④ 318×3　　⑤ 235×4　　⑥ 189×5

🍇 計算をしましょう。 1つ6〔54点〕

⑦ 520×6　　⑧ 791×8　　⑨ 648×7

⑩ 863×5　　⑪ 415×9　　⑫ 973×2

⑬ 298×7　　⑭ 504×6　　⑮ 609×8

🍎 1こ345円のケーキを9こ買うと、代金はいくらですか。 1つ5〔10点〕

式

答え (　　　　　　　)

14 1けたをかけるかけ算 (4)

🍓 計算をしましょう。

1つ6〔90点〕

① 326×2　　② 142×4　　③ 151×6

④ 284×3　　⑤ 878×2　　⑥ 923×3

⑦ 461×7　　⑧ 547×4　　⑨ 834×8

⑩ 730×9　　⑪ 632×5　　⑫ 367×4

⑬ 415×7　　⑭ 127×8　　⑮ 906×3

🍌 1しゅう218mの公園のまわりを6しゅう走りました。全部で何m走りましたか。

1つ5〔10点〕

式

答え (　　　　　　　)

15 大きい数

時間 20分

とく点 /100点

🍒 □にあてはまる等号か不等号を書きましょう。　　1つ5〔40点〕

① 50000 □ 30000

② 40000 □ 70000

③ 2000＋9000 □ 11000

④ 13000 □ 18000－5000

⑤ 600万 □ 700万－200万

⑥ 900万 □ 400万＋500万

⑦ 8200万 □ 4000万＋5000万

⑧ 7000万＋2000万 □ 1億

🍉 計算をしましょう。　　1つ5〔60点〕

⑨ 5万＋8万

⑩ 23万＋39万

⑪ 65万＋35万

⑫ 14万－7万

⑬ 42万－28万

⑭ 100万－63万

⑮ 30×10

⑯ 52×10

⑰ 70×100

⑱ 24×100

⑲ 120÷10

⑳ 300÷10

16 小数 (1)

🍍 計算をしましょう。

1つ5〔90点〕

① 0.5＋0.2

② 0.6＋1.3

③ 0.2＋0.8

④ 0.7＋0.3

⑤ 0.5＋3

⑥ 0.4＋0.7

⑦ 0.6＋0.6

⑧ 0.9＋0.5

⑨ 3.4＋5.3

⑩ 5.1＋1.7

⑪ 2.6＋4.6

⑫ 3.3＋5.9

⑬ 4.4＋2.7

⑭ 2.6＋3.4

⑮ 5.2＋1.8

⑯ 4＋1.8

⑰ 4.7＋16

⑱ 2.8＋7.2

🍇 1.6 L の牛にゅうと 2.4 L の牛にゅうがあります。あわせて何 L あります
か。

1つ5〔10点〕

式

答え (　　　　　　　)

17 小数 (2)

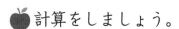 計算をしましょう。　　　　　　　　　　　　　　1つ5〔90点〕

① 0.9 − 0.6

② 2.7 − 0.5

③ 1 − 0.4

④ 3.6 − 3

⑤ 1.3 − 0.5

⑥ 1.6 − 0.9

⑦ 4.8 − 1.3

⑧ 6.7 − 4.5

⑨ 7.2 − 2.7

⑩ 8.4 − 3.9

⑪ 2.6 − 1.8

⑫ 4.3 − 3.6

⑬ 5.9 − 5.2

⑭ 8.5 − 1.5

⑮ 6.3 − 4.3

⑯ 5 − 2.2

⑰ 14 − 3.4

⑱ 7.6 − 6

🍓 テープが8mあります。そのうち1.2mを使うと、何mのこりますか。

式　　　　　　　　　　　　　　　　　　　　1つ5〔10点〕

答え（　　　　　　　　　　）

18 小数 (3)

計算をしましょう。

1つ5〔90点〕

① 0.7＋0.9

② 0.5＋0.6

③ 2.7＋4.4

④ 3.2＋1.8

⑤ 13＋7.4

⑥ 8.4＋3.7

⑦ 7.5＋2.8

⑧ 4.6＋5.4

⑨ 6.1＋5.9

⑩ 4.7－3.2

⑪ 8.7－5.5

⑫ 6.7－1.8

⑬ 7.3－2.7

⑭ 5.3－3

⑮ 4－2.3

⑯ 7.6－2.6

⑰ 6.2－5.7

⑱ 8.3－7.7

白いテープが8.2m、赤いテープが2.8mあります。どちらのテープが
何m長いですか。

1つ5〔10点〕

式

答え（　　　　　　　　　　）

時間 **20** 分

とく点

/100点

19 分数(1)

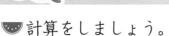

🍉 計算をしましょう。　　　　　　　　　　　　　　　　1つ6〔90点〕

① $\dfrac{1}{4}+\dfrac{2}{4}$

② $\dfrac{2}{9}+\dfrac{5}{9}$

③ $\dfrac{1}{6}+\dfrac{4}{6}$

④ $\dfrac{1}{2}+\dfrac{1}{2}$

⑤ $\dfrac{2}{5}+\dfrac{2}{5}$

⑥ $\dfrac{5}{7}+\dfrac{1}{7}$

⑦ $\dfrac{4}{8}+\dfrac{4}{8}$

⑧ $\dfrac{1}{9}+\dfrac{4}{9}$

⑨ $\dfrac{3}{6}+\dfrac{2}{6}$

⑩ $\dfrac{1}{3}+\dfrac{1}{3}$

⑪ $\dfrac{1}{8}+\dfrac{2}{8}$

⑫ $\dfrac{5}{7}+\dfrac{2}{7}$

⑬ $\dfrac{4}{9}+\dfrac{4}{9}$

⑭ $\dfrac{1}{5}+\dfrac{3}{5}$

⑮ $\dfrac{4}{8}+\dfrac{3}{8}$

🍍 $\dfrac{3}{10}$ L の水が入ったコップと $\dfrac{6}{10}$ L の水が入ったコップがあります。あわせて何 L ありますか。　　　　　　　　　　　　1つ5〔10点〕

式

答え (　　　　　　　　　　　　)

20 分数 (2)

🍇 計算をしましょう。

1つ6〔90点〕

① $\dfrac{4}{5} - \dfrac{2}{5}$

② $\dfrac{7}{9} - \dfrac{5}{9}$

③ $\dfrac{3}{6} - \dfrac{2}{6}$

④ $\dfrac{5}{8} - \dfrac{3}{8}$

⑤ $\dfrac{3}{4} - \dfrac{1}{4}$

⑥ $\dfrac{7}{10} - \dfrac{4}{10}$

⑦ $\dfrac{8}{9} - \dfrac{7}{9}$

⑧ $\dfrac{6}{7} - \dfrac{3}{7}$

⑨ $\dfrac{7}{8} - \dfrac{2}{8}$

⑩ $1 - \dfrac{1}{3}$

⑪ $1 - \dfrac{5}{8}$

⑫ $1 - \dfrac{5}{6}$

⑬ $1 - \dfrac{2}{7}$

⑭ $1 - \dfrac{3}{5}$

⑮ $1 - \dfrac{4}{9}$

🍎 リボンが1mあります。そのうち$\dfrac{4}{7}$mを使うと、リボンは何mのこっていますか。

1つ5〔10点〕

式

答え （　　　　　　　　）

21 重 さ

🍓 □にあてはまる数を書きましょう。　　　　　　　　1つ6〔84点〕

① 3kg = □ g

② 1t = □ kg

③ 9000g = □ kg

④ 6000kg = □ t

⑤ 3600g = □ kg □ g

⑥ 4090kg = □ t □ kg

⑦ 4kg300g = □ g

⑧ 2t150kg = □ kg

⑨ 4kg200g+500g = □ kg □ g

⑩ 550g+650g = □ kg □ g

⑪ 2kg800g+600g = □ kg □ g

⑫ 850kg−400kg = □ kg

⑬ 1kg−900g = □ g

⑭ 6kg900g−300g = □ kg □ g

🍌 150gの入れ物に、みかんを860g入れました。全体の重さは何kg何g になりますか。　　　　　　　　　　　　　　　　　1つ8〔16点〕

式

答え（　　　　　　　　　）

22

22 □を使った式

🍒 □にあてはまる数をもとめましょう。

1つ10〔100点〕

① $23+\boxed{}=70$

② $\boxed{}+35=72$

③ $\boxed{}-46=29$

④ $8\times\boxed{}=32$

⑤ $\boxed{}\times4=36$

⑥ $54+\boxed{}=103$

⑦ $\boxed{}+84=111$

⑧ $\boxed{}-78=25$

⑨ $65-\boxed{}=42$

⑩ $\boxed{}\div3=5$

23 2けたをかけるかけ算 (1)

🍉 計算をしましょう。　　　　　　　　　　　　　1つ6〔54点〕

① 4×20　　　② 8×40　　　③ 7×50

④ 14×20　　　⑤ 18×30　　　⑥ 23×60

⑦ 30×90　　　⑧ 40×70　　　⑨ 60×80

🍍 計算をしましょう。　　　　　　　　　　　　　1つ6〔36点〕

⑩ 17×25　　　⑪ 22×38　　　⑫ 19×43

⑬ 29×31　　　⑭ 26×27　　　⑮ 36×16

🍇 1こ28円のおかしを34こ買うと、代金はいくらですか。　1つ5〔10点〕

式

答え（　　　　　　　　）

24 2けたをかけるかけ算 (2)

時間 20分

とく点

/100点

🍎 計算をしましょう。

1つ6〔90点〕

① 95×18

② 63×23

③ 78×35

④ 55×52

⑤ 86×26

⑥ 71×85

⑦ 46×39

⑧ 38×94

⑨ 58×74

⑩ 91×17

⑪ 33×45

⑫ 64×57

⑬ 59×68

⑭ 83×21

⑮ 47×72

🍓 1ふくろ35本入りのわゴムが、48ふくろあります。全部で何本ありますか。

1つ5〔10点〕

式

答え (　　　　　　　　)

25 2けたをかけるかけ算 (3)

時間 20分

とく点

/100点

🍌 計算をしましょう。

1つ6〔90点〕

① 232×32

② 328×29

③ 259×33

④ 637×56

⑤ 298×73

⑥ 541×69

⑦ 807×38

⑧ 309×51

⑨ 502×64

⑩ 53×50

⑪ 77×30

⑫ 34×90

⑬ 5×62

⑭ 9×46

⑮ 8×89

🍒 1しゅう198mのコースを12しゅう走りました。全部で何km何m走りましたか。

1つ5〔10点〕

式

答え（　　　　　　　　）

26 2けたをかけるかけ算 (4)

時間 20分

🍉計算をしましょう。

1つ6〔90点〕

① 138×49　　② 835×14　　③ 780×59

④ 351×83　　⑤ 463×28　　⑥ 602×95

⑦ 149×76　　⑧ 249×30　　⑨ 927×19

⑩ 453×58　　⑪ 278×61　　⑫ 905×86

⑬ 783×40　　⑭ 561×37　　⑮ 341×65

🍍 1本235mL入りのジュースが24本あります。全部で何L何mLありますか。

1つ5〔10点〕

式

答え (　　　　　　　　　)

とく点

/100点

27 3年のまとめ (1)

🍇 計算をしましょう。

1つ5〔90点〕

① 235＋293

② 146＋259

③ 814－367

④ 1035－387

⑤ 2.4＋4.9

⑥ 7.2－1.6

⑦ 18×4

⑧ 45×9

⑨ 265×4

⑩ 39×66

⑪ 476×37

⑫ 680×53

⑬ 48÷8

⑭ 27÷3

⑮ 72÷9

⑯ 0÷4

⑰ 35÷8

⑱ 50÷7

🍎 $\frac{9}{10}$、1.1、$\frac{1}{10}$ の中で、いちばん大きい数はどれですか。

〔10点〕

⑲ (　　　　　)

28 3年のまとめ (2)

🍓 計算をしましょう。

1つ5〔90点〕

① 367＋39

② 1267＋2585

③ 700－118

④ 4025－66

⑤ 3.2＋5.8

⑥ 16－4.3

⑦ 55×6

⑧ 487×3

⑨ 35×15

⑩ 84×53

⑪ 708×96

⑫ 966×22

⑬ 56÷8

⑭ 32÷4

⑮ 20÷5

⑯ 4÷1

⑰ 57÷9

⑱ 41÷6

🍌 180gの箱に、1こ65gのケーキを8こ入れました。全体の重さは何g
になりますか。

1つ5〔10点〕

式

答え（　　　　　　　　　）

答え

1
① 8、24　② 4、28
③ 5、10　④ 3、3
⑤ 9　⑥ 9　⑦ 6　⑧ 6
⑨ 0　⑩ 0　⑪ 0　⑫ 0
⑬ 15、4、20、35
⑭ 9、54、9、36、90
⑮ 4、32、5、20、52
⑯ 6、60、5、30、90

2
① 9　② 4　③ 5　④ 2　⑤ 3
⑥ 5　⑦ 7　⑧ 3　⑨ 4　⑩ 8
⑪ 8　⑫ 1　⑬ 6　⑭ 9　⑮ 2
⑯ 7　⑰ 7　⑱ 6
式 45÷5＝9　　　　　　答え 9まい

3
① 7　② 8　③ 8　④ 9　⑤ 5
⑥ 5　⑦ 4　⑧ 4　⑨ 1　⑩ 7
⑪ 3　⑫ 7　⑬ 9　⑭ 3　⑮ 6
⑯ 7　⑰ 9　⑱ 4
式 35÷7＝5　　　　　　答え 5人

4
① 60　　　　② 120
③ 200　　　④ 2、30
⑤ 115　　　⑥ 1、45
⑦ 278　　　⑧ 3、16
⑨ 4時20分　⑩ 4時40分
⑪ 50分（50分間）
⑫ 40分（40分間）
式 40＋50＝90　　答え 1時間30分

5
① 739　　② 297　　③ 682
④ 921　　⑤ 541　　⑥ 757
⑦ 746　　⑧ 705　　⑨ 800
⑩ 1199　⑪ 1182　⑫ 1547
⑬ 1414　⑭ 1000　⑮ 1200
式 761＋949＝1710
　　　　　　　　　答え 1710cm

6
① 714　　② 712　　③ 459
④ 292　　⑤ 484　　⑥ 370
⑦ 768　　⑧ 564　　⑨ 34
⑩ 343　　⑪ 158　　⑫ 611
⑬ 236　　⑭ 68　　⑮ 5
式 917－478＝439　　答え 439だん

7
① 1320　② 1013　③ 1003
④ 717　　⑤ 696　　⑥ 995
⑦ 3897　⑧ 8194　⑨ 7117
⑩ 1104　⑪ 708　　⑫ 1570
⑬ 1111　⑭ 746　　⑮ 309
式 4000－3845＝155　　答え 155円

8
① 2000　　　② 5
③ 2、800　　④ 4、80
⑤ 3400　　　⑥ 5050
⑦ 1、100　　⑧ 2、800
⑨ 2　　　　　⑩ 600
⑪ 1、400　　⑫ 3、300
式 1km900m－600m＝1km300m
答え 駅までのほうが 1km300m長い。

9
① 3あまり6　　② 3あまり1
③ 6あまり1　　④ 2あまり5
⑤ 4あまり2　　⑥ 7あまり1
⑦ 8あまり7　　⑧ 9あまり1
⑨ 7あまり1　　⑩ 6あまり3
⑪ 9あまり2　　⑫ 7あまり5
⑬ 3あまり3　　⑭ 6あまり1
⑮ 7あまり1　　⑯ 7あまり6
⑰ 6あまり2　　⑱ 5あまり6
式 70÷9＝7あまり7
　　　　答え 7たばできて、7本あまる。

10
- ❶ 3あまり1
- ❷ 1あまり2
- ❸ 8あまり2
- ❹ 9あまり4
- ❺ 2あまり1
- ❻ 8あまり2
- ❼ 6あまり1
- ❽ 5あまり1
- ❾ 1あまり5
- ❿ 7あまり2
- ⓫ 8あまり2
- ⓬ 5あまり6
- ⓭ 8あまり4
- ⓮ 5あまり1
- ⓯ 4あまり1
- ⓰ 8あまり3
- ⓱ 4あまり3
- ⓲ 3あまり1

式 60÷8=7あまり4 7+1=8

答え 8ふくろ

11
- ❶ 80
- ❷ 90
- ❸ 70
- ❹ 100
- ❺ 240
- ❻ 450
- ❼ 600
- ❽ 600
- ❾ 3200
- ❿ 99
- ⓫ 48
- ⓬ 96
- ⓭ 60
- ⓮ 68
- ⓯ 84

式 13×7=91

答え 91まい

12
- ❶ 128
- ❷ 208
- ❸ 219
- ❹ 287
- ❺ 184
- ❻ 168
- ❼ 160
- ❽ 243
- ❾ 105
- ❿ 140
- ⓫ 114
- ⓬ 424
- ⓭ 612
- ⓮ 138
- ⓯ 490

式 85×6=510

答え 510円

13
- ❶ 868
- ❷ 488
- ❸ 996
- ❹ 954
- ❺ 940
- ❻ 945
- ❼ 3120
- ❽ 6328
- ❾ 4536
- ❿ 4315
- ⓫ 3735
- ⓬ 1946
- ⓭ 2086
- ⓮ 3024
- ⓯ 4872

式 345×9=3105

答え 3105円

14
- ❶ 652
- ❷ 568
- ❸ 906
- ❹ 852
- ❺ 1756
- ❻ 2769
- ❼ 3227
- ❽ 2188
- ❾ 6672
- ❿ 6570
- ⓫ 3160
- ⓬ 1468
- ⓭ 2905
- ⓮ 1016
- ⓯ 2718

式 218×6=1308

答え 1308m

15
- ❶ >
- ❷ <
- ❸ =
- ❹ =
- ❺ >
- ❻ =
- ❼ <
- ❽ <
- ❾ 13万
- ❿ 62万
- ⓫ 100万
- ⓬ 7万
- ⓭ 14万
- ⓮ 37万
- ⓯ 300
- ⓰ 520
- ⓱ 7000
- ⓲ 2400
- ⓳ 12
- ⓴ 30

16
- ❶ 0.7
- ❷ 1.9
- ❸ 1
- ❹ 1
- ❺ 3.5
- ❻ 1.1
- ❼ 1.2
- ❽ 1.4
- ❾ 8.7
- ❿ 6.8
- ⓫ 7.2
- ⓬ 9.2
- ⓭ 7.1
- ⓮ 6
- ⓯ 7
- ⓰ 5.8
- ⓱ 20.7
- ⓲ 10

式 1.6+2.4=4

答え 4L

17
- ❶ 0.3
- ❷ 2.2
- ❸ 0.6
- ❹ 0.6
- ❺ 0.8
- ❻ 0.7
- ❼ 3.5
- ❽ 2.2
- ❾ 4.5
- ❿ 4.5
- ⓫ 0.8
- ⓬ 0.7
- ⓭ 0.7
- ⓮ 7
- ⓯ 2
- ⓰ 2.8
- ⓱ 10.6
- ⓲ 1.6

式 8−1.2=6.8

答え 6.8m

18
- ❶ 1.6
- ❷ 1.1
- ❸ 7.1
- ❹ 5
- ❺ 20.4
- ❻ 12.1
- ❼ 10.3
- ❽ 10
- ❾ 12
- ❿ 1.5
- ⓫ 3.2
- ⓬ 4.9
- ⓭ 4.6
- ⓮ 2.3
- ⓯ 1.7
- ⓰ 5
- ⓱ 0.5
- ⓲ 0.6

式 8.2−2.8=5.4

答え 白いテープが5.4m長い。

19 ❶ $\dfrac{3}{4}$ ❷ $\dfrac{7}{9}$ ❸ $\dfrac{5}{6}$

❹ 1 ❺ $\dfrac{4}{5}$ ❻ $\dfrac{6}{7}$

❼ 1 ❽ $\dfrac{5}{9}$ ❾ $\dfrac{5}{6}$

❿ $\dfrac{2}{3}$ ⓫ $\dfrac{3}{8}$ ⓬ 1

⓭ $\dfrac{8}{9}$ ⓮ $\dfrac{4}{5}$ ⓯ $\dfrac{7}{8}$

式 $\dfrac{3}{10}+\dfrac{6}{10}=\dfrac{9}{10}$ 答え $\dfrac{9}{10}$ L

20 ❶ $\dfrac{2}{5}$ ❷ $\dfrac{2}{9}$ ❸ $\dfrac{1}{6}$

❹ $\dfrac{2}{8}$ ❺ $\dfrac{2}{4}$ ❻ $\dfrac{3}{10}$

❼ $\dfrac{1}{9}$ ❽ $\dfrac{3}{7}$ ❾ $\dfrac{5}{8}$

❿ $\dfrac{2}{3}$ ⓫ $\dfrac{3}{8}$ ⓬ $\dfrac{1}{6}$

⓭ $\dfrac{5}{7}$ ⓮ $\dfrac{2}{5}$ ⓯ $\dfrac{5}{9}$

式 $1-\dfrac{4}{7}=\dfrac{3}{7}$ 答え $\dfrac{3}{7}$ m

21 ❶ 3000 ❷ 1000 ❸ 9

❹ 6 ❺ 3、600 ❻ 4、90

❼ 4300 ❽ 2150 ❾ 4、700

❿ 1、200 ⓫ 3、400 ⓬ 450

⓭ 100 ⓮ 6、600

式 150+860=1010   答え 1kg10g

22 ❶ 47 ❷ 37 ❸ 75 ❹ 4

❺ 9 ❻ 49 ❼ 27 ❽ 103

❾ 23 ❿ 15

23 ❶ 80 ❷ 320 ❸ 350

❹ 280 ❺ 540 ❻ 1380

❼ 2700 ❽ 2800 ❾ 4800

❿ 425 ⓫ 836 ⓬ 817

⓭ 899 ⓮ 702 ⓯ 576

式 28×34=952   答え 952円

24 ❶ 1710 ❷ 1449 ❸ 2730

❹ 2860 ❺ 2236 ❻ 6035

❼ 1794 ❽ 3572 ❾ 4292

❿ 1547 ⓫ 1485 ⓬ 3648

⓭ 4012 ⓮ 1743 ⓯ 3384

式 35×48=1680   答え 1680本

25 ❶ 7424 ❷ 9512 ❸ 8547

❹ 35672 ❺ 21754 ❻ 37329

❼ 30666 ❽ 15759 ❾ 32128

❿ 2650 ⓫ 2310 ⓬ 3060

⓭ 310 ⓮ 414 ⓯ 712

式 198×12=2376 答え 2km376m

26 ❶ 6762 ❷ 11690 ❸ 46020

❹ 29133 ❺ 12964 ❻ 57190

❼ 11324 ❽ 7470 ❾ 17613

❿ 26274 ⓫ 16958 ⓬ 77830

⓭ 31320 ⓮ 20757 ⓯ 22165

式 235×24=5640

答え 5L640mL

27 ❶ 528 ❷ 405 ❸ 447

❹ 648 ❺ 7.3 ❻ 5.6

❼ 72 ❽ 405 ❾ 1060

❿ 2574 ⓫ 17612 ⓬ 36040

⓭ 6 ⓮ 9 ⓯ 8 ⓰ 0

⓱ 4あまり3 ⓲ 7あまり1 ⓳ 1.1

28 ❶ 406 ❷ 3852 ❸ 582

❹ 3959 ❺ 9 ❻ 11.7

❼ 330 ❽ 1461 ❾ 525

❿ 4452 ⓫ 67968 ⓬ 21252

⓭ 7 ⓮ 8 ⓯ 4 ⓰ 4

⓱ 6あまり3 ⓲ 6あまり5

式 65×8=520   180+520=700

答え 700g

「小学教科書ワーク・
数と計算」で、
さらに練習しよう！

わくわく シール

★1日の学習がおわったら、チャレンジシールをはろう。
★実力はんていテストがおわったら、まんてんシールをはろう。

チャレンジ シール

わり算

1でわるわり算

1÷1=1 （1×1=1）
2÷1=2 （1×2=2）
3÷1=3 （1×3=3）
4÷1=4 （1×4=4）
5÷1=5 （1×5=5）
6÷1=6 （1×6=6）
7÷1=7 （1×7=7）
8÷1=8 （1×8=8）
9÷1=9 （1×9=9）

2でわるわり算

2÷2=1 （2×1=2）
4÷2=2 （2×2=4）
6÷2=3 （2×3=6）
8÷2=4 （2×4=8）
10÷2=5 （2×5=10）
12÷2=6 （2×6=12）
14÷2=7 （2×7=14）
16÷2=8 （2×8=16）
18÷2=9 （2×9=18）

3でわるわり算

3÷3=1 （3×1=3）
6÷3=2 （3×2=6）
9÷3=3 （3×3=9）
12÷3=4 （3×4=12）
15÷3=5 （3×5=15）
18÷3=6 （3×6=18）
21÷3=7 （3×7=21）
24÷3=8 （3×8=24）
27÷3=9 （3×9=27）

4でわるわり算

4÷4=1 （4×1=4）
8÷4=2 （4×2=8）
12÷4=3 （4×3=12）
16÷4=4 （4×4=16）
20÷4=5 （4×5=20）
24÷4=6 （4×6=24）
28÷4=7 （4×7=28）
32÷4=8 （4×8=32）
36÷4=9 （4×9=36）

5でわるわり算

5÷5=1 （5×1=5）
10÷5=2 （5×2=10）
15÷5=3 （5×3=15）
20÷5=4 （5×4=20）
25÷5=5 （5×5=25）
30÷5=6 （5×6=30）
35÷5=7 （5×7=35）
40÷5=8 （5×8=40）
45÷5=9 （5×9=45）

6でわるわり算

6÷6=1 （6×1=6）
12÷6=2 （6×2=12）
18÷6=3 （6×3=18）
24÷6=4 （6×4=24）
30÷6=5 （6×5=30）
36÷6=6 （6×6=36）
42÷6=7 （6×7=42）
48÷6=8 （6×8=48）
54÷6=9 （6×9=54）

7でわるわり算

7÷7=1 （7×1=7）
14÷7=2 （7×2=14）
21÷7=3 （7×3=21）
28÷7=4 （7×4=28）
35÷7=5 （7×5=35）
42÷7=6 （7×6=42）
49÷7=7 （7×7=49）
56÷7=8 （7×8=56）
63÷7=9 （7×9=63）

8でわるわり算

8÷8=1 （8×1=8）
16÷8=2 （8×2=16）
24÷8=3 （8×3=24）
32÷8=4 （8×4=32）
40÷8=5 （8×5=40）
48÷8=6 （8×6=48）
56÷8=7 （8×7=56）
64÷8=8 （8×8=64）
72÷8=9 （8×9=72）

9でわるわり算

9÷9=1 （9×1=9）
18÷9=2 （9×2=18）
27÷9=3 （9×3=27）
36÷9=4 （9×4=36）
45÷9=5 （9×5=45）
54÷9=6 （9×6=54）
63÷9=7 （9×7=63）
72÷9=8 （9×8=72）
81÷9=9 （9×9=81）

わり算（わりきれる）

20 ÷ 4 = 5
二十 わる 四 は 五

わるの記号
÷ ……②①③

わり算（わりきれない）

21 ÷ 4 = 5 あまり 1

わる数 ＞ あまり

わり算のたしかめ

21 ÷ 4 = 5 あまり 1
4 × 5 ＋ 1 ＝ 21

大きい数のわり算

39 ÷ 3
30　9

30÷3=10
9÷3= 3
あわせて 13

算数 3年 ★

たんい （時間・長さ・かさ・重さ）

教科書ワーク

時間

1秒 (1びょう)	1分 (1ぷん)	1時間 (1じかん)	1日 (1にち)
	1分=60秒	1時間=60分	1日=24時間

60倍 → 60倍 → 24倍

ツバメが10mとぶのにかかる時間

車が1km進むのにかかる時間

東京から大阪まで飛行機でかかる時間

地球が1回転する時間

長さ

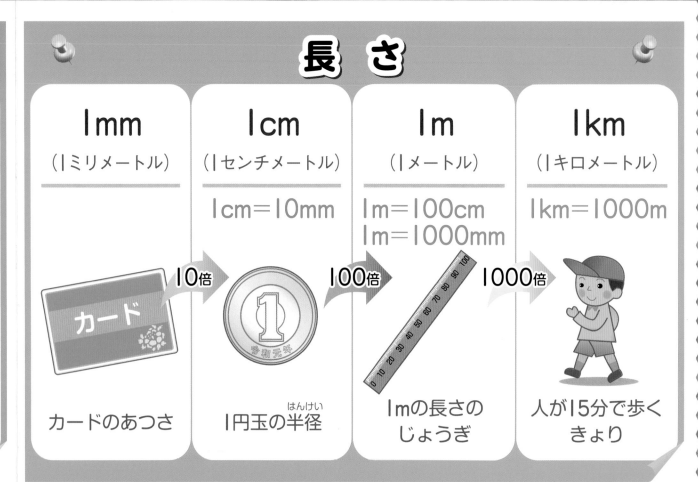

1mm (1ミリメートル)	1cm (1センチメートル)	1m (1メートル)	1km (1キロメートル)
	1cm=10mm	1m=100cm 1m=1000mm	1km=1000m

10倍 → 100倍 → 1000倍

カードのあつさ

1円玉の半径

1mの長さのじょうぎ

人が15分で歩くきょり

かさ

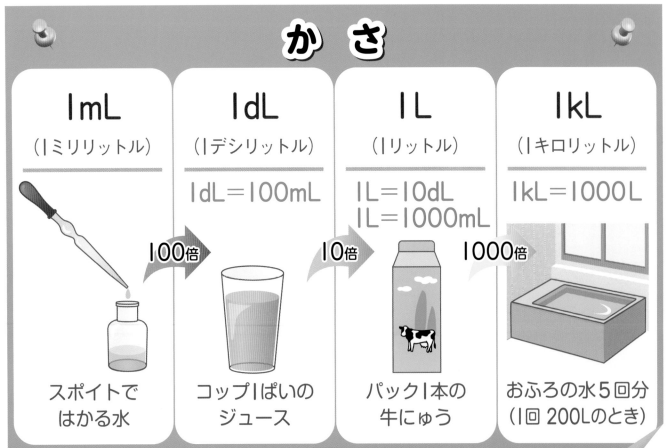

1mL (1ミリリットル)	1dL (1デシリットル)	1L (1リットル)	1kL (1キロリットル)
	1dL=100mL	1L=10dL 1L=1000mL	1kL=1000L

100倍 → 10倍 → 1000倍

スポイトではかる水

コップ1ぱいのジュース

パック1本の牛にゅう

おふろの水5回分（1回 200Lのとき）

重さ

1mg (1ミリグラム)	1g (1グラム)	1kg (1キログラム)	1t (1トン)
	1g=1000mg	1kg=1000g	1t=1000kg

1000倍 → 1000倍 → 1000倍

米つぶ（1つぶ20mg）

1円玉1まいの重さ

水1Lの重さ

軽自動車の重さ

教科書ワーク もくじ

大日本図書版 **算数3年**

▶動画 コードを読みとって、下の番号の動画を見てみよう。

① かけ算のきまり
② 0 のかけ算

きほんのワーク

きほん 1 かけ算のきまりがわかりますか。

☆ □にあてはまる数を書きましょう。

① $3 \times 5 = 3 \times 4 + \boxed{}$

② $3 \times 5 = 3 \times 6 - \boxed{}$

③ $3 \times 5 = 5 \times \boxed{}$

かけ算のきまり

・かける数が 1 ふえると、答えはかけられる数だけふえ、かける数が 1 へると、答えはかけられる数だけへります。

■×5 = ■×4+■
■×5 = ■×6−■

・かけられる数とかける数を入れかえて計算しても、答えは同じです。

■×● = ●×■

とき方 かけ算のきまりを使います。

1 ふえる

① $3 \times 5 = 3 \times 4 + \boxed{}$ ← かけられる数だけふえる。

入れかえる

③ $3 \times 5 = \boxed{} \times \boxed{}$

1 へる

② $3 \times 5 = 3 \times 6 - \boxed{}$ ← かけられる数だけへる。

答え 上の式に記入

1 □にあてはまる数を書きましょう。

📖 教科書 17ページ 1

① $4 \times 9 = 4 \times 8 + \boxed{}$

② $5 \times 5 = 5 \times 6 - \boxed{}$

③ $6 \times 2 = 2 \times \boxed{}$

＝のしるしを**等号**といって、左がわと右がわの大きさが同じことを表すしるしだよ。

きほん 2 かけ算を分けて考えることができますか。

☆ 右の□にあてはまる数を書いて、6×9の答えをもとめましょう。

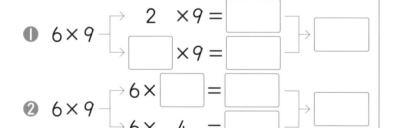

① 6×9 → $2 \times 9 = \boxed{}$, $\boxed{} \times 9 = \boxed{}$ → $\boxed{}$

② 6×9 → $6 \times \boxed{} = \boxed{}$, $6 \times 4 = \boxed{}$ → $\boxed{}$

とき方 かけ算のきまりを使います。

たいせつ
かけ算では、かけられる数やかける数を分けて計算しても、答えは同じになります。

答え 上の式に記入

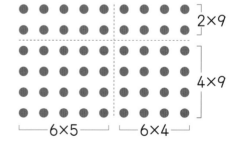

2×9
4×9
6×5 6×4

さんすうはかせ どんな大きな数のかけ算でも、分けて考えると九九の答えを合わせた数になるんだね。

2 □にあてはまる数を書きましょう。

① 5×9　$\longrightarrow$　$3 \times 9 = \boxed{}$　$\longrightarrow$　$\boxed{}$
　　　　$\longrightarrow$　$\boxed{} \times 9 = \boxed{}$

② 10×7　$\longrightarrow$　$3 \times 7 = \boxed{}$　$\longrightarrow$　$\boxed{}$
　　　　　$\longrightarrow$　$\boxed{} \times 7 = \boxed{}$

考え方 ✨
かけられる数やかける数が
10 より大きい数のときも、
かけ算のきまりが使えます。

③ 6×13　$\longrightarrow$　$6 \times \boxed{} = \boxed{}$　$\longrightarrow$　$\boxed{}$
　　　　　$\longrightarrow$　$6 \times 3 = \boxed{}$

④ $6 \times \boxed{} = 18$　　⑤ $\boxed{} \times 7 = 35$

⑥ $8 \times \boxed{} = 64$　　⑦ $\boxed{} \times 4 = 36$

九九の表を使ったり、
九九でじゅんに数を
あてはめたりすると
見つけられるね。

きほん 3 　0 のかけ算のしかたがわかりますか。

⭐ 計算をしましょう。　① 7×0　② 0×2　③ 0×0

とき方　① どんな数に 0 をかけても答えは
　　0 になるので、$7 \times 0 = \boxed{}$
　② 0 にどんな数をかけても答えは
　　0 になるので、$0 \times 2 = \boxed{}$
　③ 0×0 も 0 になります。

たいせつ ✨
どんな数に 0 をかけても
答えは 0 になり、0 にど
んな数をかけても答えは
0 になります。

答え ① $\boxed{}$　② $\boxed{}$　③ $\boxed{}$

---

3 計算をしましょう。

① 9×0　　　　　② 0×6

③ 3×0　　　　　④ 0×5

⑤ 1×0　　　　　⑥ 0×9

かけられる数や
かける数が 0 で
も、かけ算の式
に表せるんだね。

📍 **ポイント**　どんな数に 0 をかけても、0 にどんな数をかけても、答えは 0 になります。

練習のワーク

教科書 16〜30ページ　答え 1ページ

勉強した日 月 日

できた数

/12問中

おわったら
シールを
はろう

1 かけ算のきまり □にあてはまる数を書きましょう。

① 6×9＝6×8＋□　　② 8×2＝8×3−□

③ 9×7の答えは、9×□ と9×2の答えを合わせた
数になります。

④
10×10 ┬→ 10× 6 ＝□ ┐→□
　　　 └→ 10×□ ＝□ ┘

⑤ 4×□＝24　　　⑥ □×3＝12

考え方

| ふえる
■×9＝■×8＋■
| へる
■×2＝■×3−■

2 10のかけ算 計算をしましょう。

① 3×10　　　② 10×2　　　③ 8×10

3 0のかけ算 みかんが1こも入っていない箱が7箱あります。みかんは全部で何こ
ありますか。

式

答え（　　　　　　　）

4 かけ算のきまり ゆみさんとあきさんがおはじき入れをしました。ゆみさんは6点
のところに4回入れました。あきさんは4点のところに何回か入れて、ゆみさんと
あきさんのとく点の合計は同じになりました。あきさんは4点のところに何回入れ
ましたか。

（　　　　　　　）

5 10のかけ算 1つのはんの人数は7人です。はんの数が10のとき、人数は全部
で何人ですか。

式

答え（　　　　　　　）

できるナビ　かけ算は、かけられる数とかける数を入れかえて計算しても、答えは同じになるよ。

教科書 16～30ページ　答え 1 ページ

時間 20分

とく点 /100点

おわったら シールを はろう

1 下の❶～❸は、九九のかけ算の表の一部です。㋐～㋕にあてはまる数を書きましょう。

1つ5〔30点〕

❶
21	28	㋐
㋑	32	40
27	36	45

❷
35	40	45
42	㋒	54
49	56	㋓

❸
㋔	10	12
12	15	18
16	㋕	24

㋐ (　　　　　)　　㋒ (　　　　　)　　㋔ (　　　　　)

㋑ (　　　　　)　　㋓ (　　　　　)　　㋕ (　　　　　)

2 よく出る □にあてはまる数を書きましょう。

1つ6〔30点〕

❶ 4×8＝□×4

❷ 6×8＝6×□＋6

❸ 7×3＝7×□－7

❹ 7×5＝7×6－□

❺
4×10
→ □×2＝□
→ □×8＝□
→ □

3 計算をしましょう。

1つ5〔30点〕

❶ 5×0　　❷ 2×0　　❸ 0×3

❹ 3×10　　❺ 10×4　　❻ 10×10

4 右の表は、ゆうきさんがおはじきで点取りゲームをしたときのけっかを表しています。とく点の合計は何点ですか。

1つ5〔10点〕

| 入ったところ(点) | 3 | 2 | 1 | 0 |
| 入った数(こ) | 0 | 3 | 2 | 5 |

式

答え (　　　　　　　　)

チェック✔
□ かけ算のきまりが理かいできたかな？
□ 0や10のかけ算はできたかな？

① たし算の筆算

きほんのワーク

教科書　32〜36ページ　答え　2ページ

けた数の多い数のたし算の筆算のしかたを学習します。

おわったらシールをはろう

ふくしゅう　できるかな？　

れい　125+69を筆算で計算しましょう。

考え方　①　5+9=14
　　　　　十の位に1くり上げる。

```
  1 2 5
+   6 9
─────────
  1 9 4
```
1+2+6=9

問題　たし算をしましょう。

```
①   2 4 8    ②    8 2
  +   2 8      + 3 9
```

きほん 1　3けたの数のたし算が、筆算でできますか。

☆352円のケーキと285円のおかしを買うと、代金は何円になりますか。

とき方　図をかいて考えます。

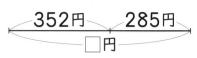

```
352円　285円
　　□円
```

式 ［　　　　　　　］

答え ［　　］円

```
  3 5 2
+ 2 8 5
───────
    □
```
一の位の計算
2+5=7

```
  3 5 2
+ 2 8 5
───────
  □ 7
```
十の位の計算
5+8=13
　↓
百の位に1くり上げる。

```
1
  3 5 2
+ 2 8 5
───────
□ 3 7
```
百の位の計算
1+3+2=6

1 415円の本と308円のノートを買うと、代金は何円になりますか。

式

教科書　33ページ 1

答え（　　　　　　　　）

```
    │   │
  + │   │
─────────
    │   │
```

2 たし算をしましょう。

教科書　33ページ 1

```
①   3 8 4    ②   4 0 5
  + 2 7 5      +   8 5
```

```
③   6 9 2    ④   5 2 9
  + 1 6 4      +   3 8
```

3けたと3けたのたし算の筆算も、これまでと同じように、位をそろえて一の位からじゅんに計算するんだね。

1489年「計算親方」とよばれたドイツのウィッドマンが発表した書物の中で、「＋」「－」の記号を使いはじめたんだよ。

きほん 2 3けたの数のたし算が、筆算でできますか。

> ☆ 945＋238を筆算で計算しましょう。

 たされる数とたす数を入れかえて答えのたしかめをしよう。

とき方

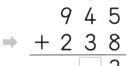 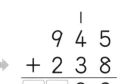

```
   9 4 5          9 4 5          9 4 5
 ＋ 2 3 8    ➡   ＋ 2 3 8    ➡   ＋ 2 3 8
   □                □ 3          □□ 8 3
```

5＋8＝13　　　　　　1＋4＋3＝8　　　　9＋2＝11
十の位に1くり上げる。　　　　　　　　千の位に1くり上げる。

答え □

3 たし算をしましょう。　　　　　　　　　　　　　📖 教科書 35ページ **2** 36ページ **3**

① 　　2 3 9　　② 　　4 7 7　　③ 　　3 8 6　　④ 　　5 5 6
　＋ 5 7 3　　　　＋ 6 5 4　　　　＋ 1 4 6　　　　＋ 3 8 9

 ⑤ 　　7 8 1　　⑥ 　　9 8 5
　　　　　　　　　　　　　　　　　　　＋ 6 4 3　　　　＋ 　 3 7

> ① くり上げたことをわすれないように書いておこう！
> ```
>    1 1
>    2 3 9
>  ＋ 5 7 3
>    8 1 2
> ```

 **きほん 3** 4けたの数のたし算が、筆算でできますか。

> ☆ 2593＋4762を筆算で計算しましょう。

とき方 位をそろえて、一の位からじゅんに計算します。けた数がふえても計算のしかたはかわりません。

```
   2 5 9 3        2 5 9 3        □ 1              1 1
 ＋ 4 7 6 2    ➡  ＋ 4 7 6 2   ➡  2 5 9 3    ➡    2 5 9 3
   □               □ 5          ＋ 4 7 6 2      ＋ 4 7 6 2
                                 □ 5 5          □ 3 5 5
```

3＋2＝5　　　9＋6＝15　　　　　1＋5＋7＝13　　　　1＋2＋4＝7
　　　　　　　百の位に1くり上げる。　千の位に1くり上げる。

答え □

4 たし算をしましょう。　　　　　　　　　　　　　📖 教科書 36ページ **4**

① 　　1 3 9 6　　② 　　3 7 4 8　　③ 　　6 5 8 9　　④ 　　4 7 9 2
　＋ 　 4 0 2　　　＋ 2 1 6 5　　　＋ 1 2 4 3　　　＋ 2 5 1 8

ポイント 筆算のしかたは、けた数がふえてもかわりません。筆算ですると、位をたてにそろえて計算できるので、位ごとの計算がしやすくなります。

② **ひき算の筆算**

もくひょう
けた数の多い数のひき算の筆算のしかたを学習します。

おわったらシールをはろう

教科書 37〜41ページ　答え 2ページ

きほん1 3けたの数のひき算が、筆算でできますか。

☆ たかしさんは325円持っています。158円のノートを買うと、のこりは何円になりますか。

とき方 図をかいて考えます。

158円　□円
325円

式 _____

答え □ 円

```
   □
  3 2 5
 -1 5 8
    □
```
十の位から
1くり下げて
15-8=7

➡

```
  □ 1
  3 2 5
 -1 5 8
   □ 7
```
百の位から
1くり下げて
11-5=6

➡

```
  2 1
  3 2 5
 -1 5 8
  □ 6 7
```
2-1=1

---

1 遊園地に人が全部で429人います。そのうち大人は178人です。子どもは何人いますか。

📖教科書 37ページ1

式

答え（　　　　　　　）

---

2 ひき算をしましょう。

📖教科書 37ページ1　39ページ2

①
```
  6 2 9
 -3 1 8
```

②
```
  4 6 3
 -2 2 9
```

③
```
  5 1 4
 -2 3 7
```

④
```
  7 4 5
 -4 6 6
```

きほん2 十の位からくり下げられないときのひき算の計算はできますか。

☆ 301-183を筆算で計算しましょう。

とき方 くり下げる十の位の数が0でくり下げられないときは、百の位から1くり下げてから、それぞれの位のひき算をします。

答え _____

十の位からくり下げられないので、百の位から1くり下げる。

さらに、十の位から1くり下げて一の位を計算する。（11-3=8）

```
  □ □
  3 0 1
 -1 8 3
```

➡

```
   □
  2 10
  3 0 1
 -1 8 3
  □ □ □
```

 フランスのヴィエタ（1540年〜1603年）によって、「＋」、「−」の記号がいっぱんに使われるようになったといわれているんだよ。

③ ひき算をしましょう。　　　　　　　　　　　　　　　　📖 教科書 40ページ **③**

①
```
   405
 − 148
```

②
```
   806
 − 587
```

③
```
   602
 − 364
```

④
```
   500
 − 198
```

⑤
```
   300
 − 107
```

⑥
```
   200
 −   9
```

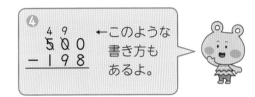

④
```
   ⁴⁹
   5̶0̶0
 − 198
```
←このような
書き方も
あるよ。

きほん ③　4けたの数のひき算が、筆算でできますか。

⭐ 5249−3786 を筆算で計算しましょう。

とき方　位をそろえて、一の位からじゅんに計算します。けた数がふえても計算のしかたはかわりません。ひけないときは上の位から1くり下げて計算していきます。

```
   5 2 4 9
 − 3 7 8 6
 ─────────
   □
```
9−6=3

➡

```
     ¹
   5 2̶ 4 9
 − 3 7 8 6
 ─────────
   □     3
```
百の位から
1くり下げる。
14−8=6

➡

```
   ⁴ ¹
   5̶ 2̶ 4 9
 − 3 7 8 6
 ─────────
   □   6 3
```
千の位から
1くり下げる。
11−7=4

➡

```
   ⁴ ¹
   5̶ 2̶ 4 9
 − 3 7 8 6
 ─────────
   □ 4 6 3
```
4−3=1

答え [　　　]

---

④ ひき算をしましょう。　　　　　　　　　　　　　　　　📖 教科書 41ページ **④**

①
```
   6 5 2 9
 − 4 3 4 7
```

②
```
   4 2 5 8
 − 2 3 6 8
```

③
```
   7 0 4 5
 − 6 2 6 9
```

④
```
   9 1 4 6
 −   3 8 7
```

---

⑤ みきさんは2625円の服を買って、5000円さつではらいました。おつりは何円になりますか。　📖 教科書 41ページ **④**

式

2625円

答え（　　　　　　　）

ポイント　3けたのひき算の筆算と、4けたのひき算の筆算のしかたを学習します。数が大きくなっても筆算のしかたは同じです。くり下がりに注意して計算しましょう。

練習のワーク

できた数

／14問中

おわったら
シールを
はろう

教科書 32〜43ページ　　答え 2 ページ

1 3けたの筆算　計算をしましょう。

① 　725
　　＋164

② 　374
　　＋529

③ 　853
　　−246

④ 　602
　　−406

ちゅうい

くり上げやくり下げをしたときには、その数
をわすれないように、書いておきましょう。

（れい・たし算）　　（れい・ひき算）
　　 1 1
　　846
　＋275
　1121

　　 8 0
　　9̸1̸4
　−639
　　275

2 4けたの筆算　計算をしましょう。

① 　4665
　　＋　718

② 　5569
　　−1831

③ 　2057
　　＋7454

④ 　9032
　　−2578

3 3けたや4けたの計算　計算をしましょう。

① 511＋643

② 903−754

③ 3825＋2937

④ 8000−59

4 3けたの計算　赤い色紙が346まいあります。青い色
紙は赤い色紙より157まい多いです。青い色紙は何ま
いですか。

式

答え（　　　　　　　　　）

考え方

④ 多いほうの数をもと
める⇨たし算で考えま
す。

346まい　　157まい
□まい

⑤ のこっている数をも
とめる⇨ひき算で考え
ます。

3657こ　　□こ
7248こ

5 4けたの計算　工場のそう庫に品物が7248こ入って
いました。このうち3657こを外に運び出しました。
そう庫にのこっている品物は何こですか。

式

答え（　　　　　　　　　）

できるナビ　けた数の多いたし算やひき算は、筆算で計算するようにしよう。

勉強した日 ▷　月　日

まとめのテスト

時間 **20**分

とく点　　/100点

おわったらシールをはろう

教科書 32〜43ページ　答え 3ページ

1 よく出る 計算をしましょう。　　　　　　　　　　　1つ6〔18点〕

❶ 618＋532　　　　❷ 328－249　　　　❸ 603－327

2 よく出る 計算をしましょう。　　　　　　　　　　　1つ7〔42点〕

❶ 429＋1315　　　　　　　❷ 2342＋89

❸ 3025＋1735　　　　　　　❹ 3254－2068

❺ 5285－99　　　　　　　　❻ 7000－1826

3 ゆかりさんは1000円持っています。624円の本を買いました。のこりは何円になりますか。　　　　1つ8〔16点〕

式

答え（　　　　　　　　　）

4 ある学校では、コピー用紙を、先週は1755まい、今週は2352まい使いました。　　　　　　　　　　　　　　　　　　　　1つ6〔24点〕

❶ 先週と今週で、合わせて何まいのコピー用紙を使いましたか。

式

答え（　　　　　　　　　）

❷ 先週と今週で、使ったまい数のちがいは何まいですか。

式

答え（　　　　　　　　　）

ふろくの「計算練習ノート」6〜8ページをやろう！

 □（3けた）＋（3けた）の計算はできたかな？
□（3けた）－（3けた）の計算はできたかな？

11

① 整理のしかた
② ぼうグラフ [その1]

きほんのワーク

きほん 1　調べたことをわかりやすく表に整理することができますか。

☆ たくやさんの組の人たちがかっているペットを調べたら、下の左の表のようになりました。「正」の字を数字になおして、右の表に書きましょう。

かっているペットの人数

犬	正正
金魚	正一
小鳥	下
モルモット	丅
ねこ	正丅
ハムスター	丅
うさぎ	一

かっているペットの人数

しゅるい	数(ひき)
犬	9
金魚	
小鳥	
ねこ	
その他	
合計	

とき方　表に整理するときは、 正 の字を使うと数えまちがいがへらせます。また、少ないものは その他 としてまとめ、合計を書くらんもつくります。

答え　左の表に記入

一…1　丅…2
下…3　下…4
正…5　正一…6
正丅…7　を表すよ。

1　ゆりさんたちは、すきなくだものを、下のように１人１つずつカードに書きました。左の表で「正」の字を使って人数を整理してから、右の表に数字で書きましょう。

教科書　47ページ1

メロン	いちご	りんご	さくらんぼ	いちご
りんご	さくらんぼ	いちご	ぶどう	メロン
いちご	バナナ	メロン	いちご	さくらんぼ

すきなくだものの人数

いちご	
メロン	
りんご	
ぶどう	
さくらんぼ	
バナナ	

すきなくだものの人数

しゅるい	人数(人)
いちご	
メロン	
りんご	
さくらんぼ	
その他	
合計	

合計もわすれずに書くんだね。

　300年ほど前の日本では、数を数えるときに、「正」を使わず、「玉」の字を使っていたんだよ。

きほん 2 ぼうグラフを読むことができますか。

☆ 下のぼうグラフは、文ぼう具のねだんを表したものです。一番ねだんが高いのは、どの文ぼう具で、何円ですか。

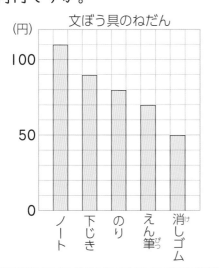

文ぼう具のねだん
(円)
100
50
0
ノート
下じき
のり
えん筆
消しゴム

とき方 一番ぼうが長いのは □ のところです。

たてのじくの１目もりは □ 円を表しているので、一番長いぼうは、□ 円を表しています。

たいせつ
ぼうの長さで数の大きさを表したグラフを、**ぼうグラフ**といいます。１目もりの大きさがいくつを表しているかに気をつけ、ぼうの長さを見ていきます。

答え 文ぼう具 □
□ 円

2 下のぼうグラフを見て、問題に答えましょう。 教科書 49ページ1

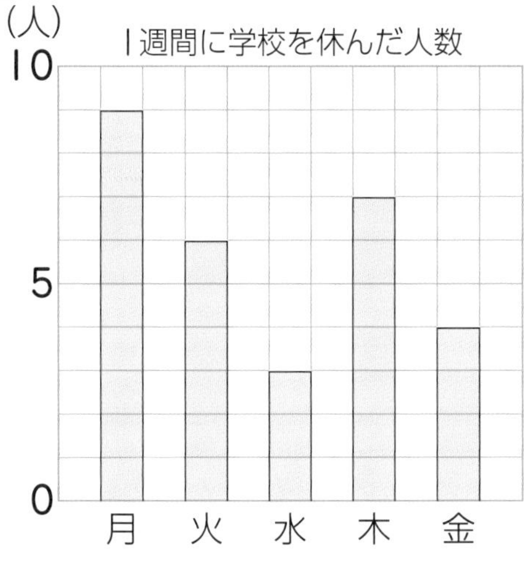

(人)
１週間に学校を休んだ人数
10
5
0
月
火
水
木
金

❶ たてのじくの１目もりは何人を表していますか。
(　　　　)

❷ 木曜日に休んだ人は何人ですか。
(　　　　)

❸ 学校を休んだ人数が一番少ないのは、何曜日ですか。
(　　　　)

3 次のぼうグラフで、１目もりが表している大きさと、ぼうが表している大きさはどれだけですか。 教科書 51ページ2

❶

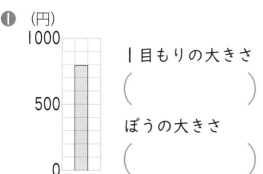

(円)
1000
500
0

１目もりの大きさ
(　　　　)

ぼうの大きさ
(　　　　)

❷

0
5
10
(m)

１目もりの大きさ
(　　　　)

ぼうの大きさ
(　　　　)

ポイント 調べたことを整理して、表にわかりやすく表したり、ぼうグラフのぼうの長さでいろいろな大きさを表したりできるようにします。

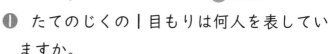

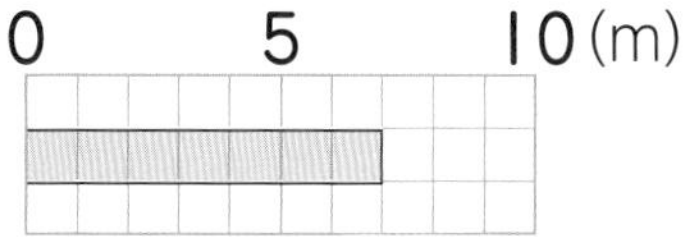

② ぼうグラフ [その2]
③ 表やグラフのくふう

きほんのワーク

教科書　52〜60ページ　　答え　3ページ

もくひょう
ぼうグラフのかき方と、表を1つにまとめることを学習します。

おわったらシールをはろう

きほん 1　ぼうグラフをかくことができますか。

☆ 下の表は、3年1組の人が1週間に図書室で読んだ本のしゅるいと数を表したものです。これをぼうグラフに表しましょう。

読んだ本の数

しゅるい	物語	図かん	伝記	その他
本の数(さつ)	9	3	6	4

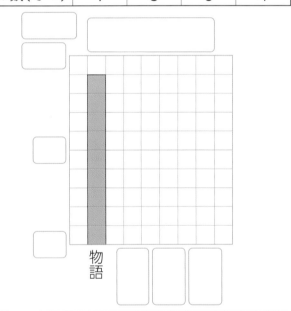

物語

とき方　ぼうグラフは次のようにかきます。

1　横のじくに本のしゅるいを数の多いじゅんに書く。その他はさいごに書く。

2　一番多い本の数を表すぼうがかけるようにたてのじくの1目もりの数を決め、目もりの表す数と単位を書く。

3　本の数を表すぼうをかく。

4　表題を書く。(表題は先に書いてもよい。)

「その他」は数が多くても、さいごに書くんだよ。

答え　左の問題に記入

1 下の表は、3年生の人たちが住んでいる町べつの人数を表したものです。これをぼうグラフに表しましょう。

📖教科書　52ページ3
53ページ4

3年生の町べつの人数

町名	人数(人)
東町	18
西町	10
南町	26
北町	13
その他	6

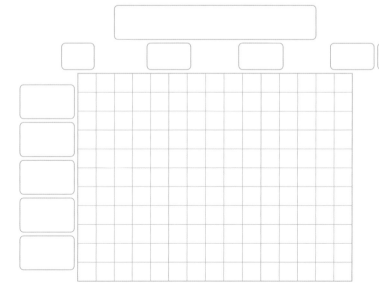

さんすうはかせ　数えるときの「正」の字は中国や韓国でも使われているよ。

☆ 左下の表は、3年生の1組、2組、3組の人の先月のけがのしゅるいを調べたものです。これを右の表にまとめます。右の表をかんせいさせましょう。

1組の先月のけがの人数

しゅるい	人数(人)
すりきず	6
打ぼく	4
切りきず	8
つき指	5
その他	3
合計	26

2組の先月のけがの人数

しゅるい	人数(人)
すりきず	5
打ぼく	2
切りきず	7
つき指	6
その他	2
合計	22

3組の先月のけがの人数

しゅるい	人数(人)
すりきず	8
打ぼく	5
切りきず	6
つき指	3
その他	3
合計	25

3年生全体の先月のけがの人数 （人）

しゅるい ＼ 組	1組	2組	3組	合計
すりきず	6	5	8	19
打ぼく	4	2		
切りきず	8			
つき指				
その他				
合計				あ

とき方 それぞれの組のけがをした人数を上の表に書き、たてと横の合計も書きます。あのところのたての合計と横の合計が同じになっていることを、たしかめます。

答え 上の表に記入

2 次の表は、3年生の5月から7月までのそれぞれの組のけっせき者の数を、月ごとに調べたものです。

教科書 59ページ 1

5月のけっせき者の数

組	人数(人)
1組	7
2組	13
3組	9
合計	29

6月のけっせき者の数

組	人数(人)
1組	11
2組	12
3組	8
合計	31

7月のけっせき者の数

組	人数(人)
1組	9
2組	7
3組	12
合計	28

① 上の3つの表を、右の表にまとめましょう。

けっせき者の数（5月から7月まで）（人）

組 ＼ 月	5月	6月	7月	合計
1組				
2組				
3組				
合計				あ

② 5月から7月までで、けっせき者の数が一番少なかったのは何組ですか。

(　　　　　　)

③ 表のあに入る人数は、何を表していますか。

(　　　　　　　　　　　　)

ポイント ぼうグラフに表すと、大きさがくらべやすくなってべんりです。また、いくつかの表を1つの表にまとめると、全体のようすがわかりやすくなります。

練習のワーク

できた数

／7問中

おわったら
シールを
はろう

教科書 46〜64ページ 答え 4ページ

---

1 ぼうグラフをかく 下の表は、１組で、家族の人数を調べたものです。

家族の人数（１組）

家族の人数	2人	3人	4人	5人	6人	7人
家の数（けん）	1	6	12	8	2	4

（けん）

家族の人数（１組）

0

❶ 上の表を、右の方眼を使って、ぼう
グラフに表します。１目もりの大きさ
を何けんにすればよいですか。

一番多いけん数が
かける大きさにします。

（　　　　　　　）

❷ ぼうグラフに表しましょう。

❸ 何人家族が一番多いですか。

（　　　　　　　）

❹ 何人家族が一番少ないですか。

（　　　　　　　）

❺ ５人家族の家と６人家族の家の数は、何けんちがいますか。

（　　　　　　　）

---

2 ぼうグラフをえらぶ ５月と６月に図書室からか
りられた物語と伝記の本の数を調べました。次
のことが読み取りやすいのは、右のⓐ、ⓘのど
ちらのグラフですか。記号で答えましょう。

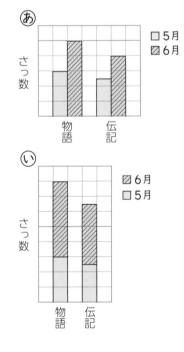

ⓐ

さっ数

□5月
▨6月

物語 伝記

ⓘ

さっ数

▨6月
□5月

物語 伝記

❶ ５月と６月を合わせて、多くかりられたの
は、物語と伝記のどちらか

（　　　　　　　）

❷ 物語が多くかりられたのは、５月と６月の
どちらか

（　　　　　　　）

できるナビ 調べた数が多いか少ないかを、見てたしかめられる「ぼうグラフ」をいかせるように、１目もり
の大きさやグラフのならべ方をくふうしましょう。

 まとめのテスト

時間 **20** 分

とく点 /100点

おわったら シールを はろう

教科書 46〜64ページ　答え 4ページ

1 よく出る 右のぼうグラフは、まゆみさんが先週１週間に家で本を読んだ時間を表したものです。　1つ10〔30点〕

❶ 本を読んだ時間が一番長かったのは何曜日ですか。

（　　　　　　　）

❷ 金曜日は何分、本を読みましたか。

（　　　　　　　）

❸ 火曜日の半分の時間、本を読んだのは何曜日ですか。

（　　　　　　　）

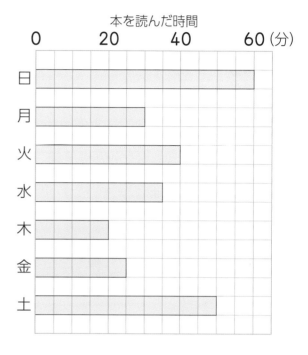

本を読んだ時間

2 よく出る ３年生の３クラスですきなスポーツを調べて、下の表にまとめました。表のあ〜けのらんに人数を書きましょう。また、右の方眼を使って、３年生全体のすきなスポーツの人数をぼうグラフに表しましょう。　1つ35〔70点〕

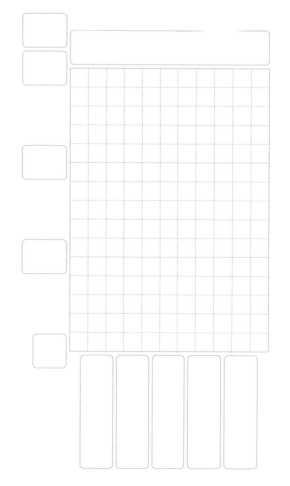

３年生全体のすきなスポーツの人数　（人）

スポーツ ＼ 組	１組	２組	３組	合計
野球	6	㋐	7	㋑
サッカー	㋒	8	12	㋓
バスケットボール	12	10	㋔	28
水泳	㋕	0	4	6
その他	2	3	3	㋖
合計	31	32	㋗	㋘

 チェック ✓

□ ぼうグラフの表し方は理かいできたかな？
□ 表の読み取り方は理かいできたかな？

17

4 時こくや時間のもとめ方を考えよう ●時こくと時間

勉強した日 月 日

もくひょう
時こくや時間のもとめ方と時間の単位がわかるようにしましょう。

おわったら
シールを
はろう

① 時こくや時間のもとめ方
② 短い時間

きほんのワーク

教科書 66〜71ページ　答え 5ページ

きほん 1　時こくや時間を考えることができますか。

次の問題に答えましょう。
　❶ 午前9時40分から40分たった時こくをもとめましょう。
　❷ 午前6時30分から午前7時40分までの時間をもとめましょう。

とき方　時計で考えます。
❶

　　　　　　　□ 分たった　　　　さらに □ 分たった
　　　　　　　時こくは　　　　　　時こくは
　　　　　　　午前 □ 時　　　　　午前 □ 時 □ 分

❷　30分たつと午前 □ 時だから、その □ 分後と考えて、
　もとめる時間は、30＋□ ＝ □ より、□ 分
　すなわち □ 時間 □ 分です。

さんこう
午前6時30分から1時間たつと午前7時30分で、その10分後だから、もとめる時間は、1時間10分と考えることもできます。

答え ❶ 午前 □ 時 □ 分　❷ □ 時間 □ 分

1 次の時こくや時間をもとめましょう。
教科書 67ページ1 69ページ2

❶ 午後3時40分から30分たった時こく　（　　　　　）

❷ 午後4時30分の50分前の時こく　（　　　　　）

❸ 午前8時20分から午前9時40分までの時間　（　　　　　）

❹ 午前9時30分から午前11時20分までの時間　（　　　　　）

さんすうはかせ　150年以上前の日本では、日の出から日の入りまでを昼、それ以外を夜と決め、それを6等分したので、きせつによって1時間の長さがちがったんだよ。

きほん2 時間を合わせたり、ちがいをもとめたりできますか。

☆次の問題に答えましょう。

❶ 1時間40分と50分を合わせた時間をもとめましょう。

❷ 1時間10分と40分の時間の長さのちがいをもとめましょう。

とき方 ❶《1》1時間40分から20分たつと□時間で、あと□分たして、□時間□分です。

《2》40分と50分を合わせて90分で、これは□時間□分。これに1時間を合わせて、□時間□分です。

❷ 1時間10分は□分だから、70分と40分の時間の長さのちがいは□分です。

答え ❶ □時間□分 ❷ □分

2 1時間40分と30分を合わせると何時間何分ですか。 教科書 70ページ3

(　　　　)

3 1時間30分と50分の時間の長さのちがいは何分ですか。 教科書 70ページ3

(　　　　)

4 こういちさんは算数を50分と国語を45分勉強(べんきょう)しました。こういちさんが勉強した時間を合わせると何時間何分ですか。 教科書 70ページ3

(　　　　)

きほん3 短い時間の単位がわかりますか。

☆70秒(びょう)は何分何秒ですか。

とき方 70秒は、60秒と□秒なので、□分□秒です。

答え □分□秒

たいせつ
1分より短(みじか)い時間の単位(たんい)に秒があります。
1分＝60秒

5 80秒は何分何秒ですか。また、4分は何秒ですか。 教科書 71ページ1

80秒 (　　　　)

4分 (　　　　)

ポイント 時こくや時間をもとめるときは、時計を思いうかべて考えていきます。
また、1時間＝60分、1分＝60秒のかんけいをしっかりおぼえましょう。

4 時こくや時間のもとめ方を考えよう ●時こくと時間

練習のワーク

できた数

/13問中

おわったら
シールを
はろう

---

1 時こくをもとめる　次の時こくをもとめましょう。

① 午後3時30分から50分たった時こく

（　　　　　　　　　　）

② 午前11時30分の40分前の時こく

（　　　　　　　　　　）

考え方 ☆
① 3時30分
　↓　30分たつ
4時
　↓　20分たつ
4時20分

---

2 時間をもとめる　次の時間をもとめましょう。

① 午前8時20分から午前10時までの時間　　　（　　　　　　　　　　）

② 午後6時40分から午後8時30分までの時間　　（　　　　　　　　　　）

③ 2時間45分と20分を合わせた時間　　　　　　（　　　　　　　　　　）

④ 1時間20分と30分の時間の長さのちがい　　（　　　　　　　　　　）

---

3 時間と時間を合わせる　さとしさんは、物語の本をきのうは1時間10分、今日は50分読みました。本を読んだ時間は合わせて何時間ですか。

（　　　　　　　　　　）

---

4 短い時間　□にあてはまる数を書きましょう。

① 1分＝□秒

② 110秒＝□分□秒
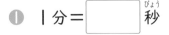
　→110秒は、60秒＋50秒と考えます。

③ 1分40秒＝□秒

④ 125秒＝□分□秒

⑤ 5分＝□秒

⑥ 150秒＝□分□秒

時間の単位
1日＝24時間
1時間＝60分
1分＝60秒

できるナビ　時こくや時間をもとめるとき、図をかくとわかりやすくなるよ。時こくを答えるときは、「午前」「午後」もわすれずに書こう。

教科書 66～73ページ　　答え 5ページ

1 ( )にあてはまる単位（たんい）を書きましょう。　　　　1つ8〔24点〕

❶ 遠足で歩いた時間　　　　　　　　　　　　　　2( )

❷ 100mを走るのにかかった時間　　　　　　　18( )

❸ 昼休みの時間　　　　　　　　　　　　　　　45( )

2 次の時こくをもとめましょう。　　　　　　　　　　　1つ8〔16点〕

❶ 午後2時20分から1時間50分たった時こく　　( )

❷ 午前11時10分の30分前の時こく　　　　　　( )

3 次の時間をもとめましょう。　　　　　　　　　　　　1つ8〔32点〕

❶ 35分と30分を合わせた時間　　　　　　　　　( )

❷ 1時間10分と30分の時間の長さのちがい　　　( )

❸ 午前9時30分から午前10時10分までの時間　( )

❹ 午後1時50分から午後3時40分までの時間　　( )

4 よく出る □にあてはまる数を書きましょう。　　　　　1つ8〔16点〕

❶ 200秒= □ 分 □ 秒　　　　❷ 6分= □ 秒

5 ゆりさんは、おばさんの家に行くのに、45分歩いて、午前10時25分に着（つ）きました。家を出たのは午前何時何分ですか。　　　　　　　　　　　　　　　　　　　　〔12点〕

( )

 ✓ □秒、分、時間のかんけいはわかったかな？
□時こくや時間をもとめることはできたかな？

ふろくの「計算練習ノート」5ページをやろう！

5 同じ数に分ける計算を考えよう ●わり算

① 1人分は何こ
② 何人に分けられる

きほんのワーク

もくひょう
同じ数に分ける計算の「わり算」ができるようにしましょう。

おわったらシールをはろう

教科書 74〜83ページ　答え 5ページ

きほん1 わり算は、どんなときに使う計算かわかりますか。

☆ あめが18こあります。3人で同じ数ずつ分けると、1人分は何こになりますか。わり算の式で表して、答えをもとめましょう。

とき方 18このあめを、3人で同じ数ずつ分けると、

1人分は ▢ こになります。このことを式で書く

と、▢ ÷ ▢ = ▢ となります。

　　　18　わる　3　は　6

このような計算を「わり算」といいます。

答え ▢ こ

1 次の問題の答えをもとめるわり算の式を書きましょう。

📖 教科書 75ページ1

❶ 10本のえん筆を5人で同じ数ずつ分けると、1人分は何本になりますか。

（　　　　　）

÷は、－ → ÷ → ÷ のじゅんに書くんだね。

❷ 8このなしを4人で同じ数ずつ分けると、1人分は何こになりますか。

（　　　　　）

きほん2 わり算の答えを見つけるには、どのようにしたらよいですか。

☆ 20このあめを、4人で同じ数ずつ分けると、1人分は何こになりますか。

とき方 式は、▢ ÷ 4です。この答えは、□×4＝20の□にあてはまる数なので、4のだんの九九でもとめられます。

▢ ÷ 4 = ▢

答え ▢ こ

1人分の数	×	何人分	=	全部の数

1人分が
1このとき… ▢1 × 4 = 4
2このとき… ▢2 × 4 = 8
3このとき… ▢3 × 4 = 12
4このとき… ▢4 × 4 = 16
5このとき… ▢5 × 4 = 20

2 32cmのひもを、8人で同じ長さずつ分けると、1人分の長さは何cmになりますか。

📖 教科書 77ページ2

式

答え（　　　　　）

 【わり算の記号(1)】「÷」の記号は、1659年にスイスのラーンという人がはじめて使ったんだよ。

③ 42このボールを、同じ数ずつ7つの箱に入れます。1つの箱には、何このボールが入りますか。

📖教科書 77ページ②

式

答え（ 　　　 ）

きほん③ いくつ分をもとめるときも、わり算が使えますか。

☆30このあめを、1人に5こずつ分けると、何人に分けられますか。

とき方 式は、□÷5です。
この答えは、5×□＝30の□にあてはまる数なので、5のだんの九九でもとめられます。

□÷5=□

答え □ 人

1人分の数 × 何人分 = 全部の数

5 × 6 = 30

たいせつ
わり算の式で、それぞれの数を次のようにいいます。
30 ÷ 5 ＝6
（わられる数）（わる数）

④ 54このみかんを、9こずつふくろに入れます。みかんが9こ入ったふくろは何ふくろできますか。

📖教科書 79ページ①
81ページ②

式

答え（ 　　　 ）

⑤ 次のわり算の答えは何のだんの九九でもとめられますか。また、答えはいくつですか。

📖教科書 81ページ②

❶ 16÷2 　　　　❷ 28÷4 　　　　❸ 56÷7

だん（ 　　 ）　　だん（ 　　 ）　　だん（ 　　 ）

答え（ 　　 ）　　答え（ 　　 ）　　答え（ 　　 ）

⑥ 36÷4の式になる問題を2つつくりましょう。

📖教科書 83ページ③

（ 　　　　　　　　　　　　　　 ）

（ 　　　　　　　　　　　　　　 ）

1つ分をもとめるわり算といくつ分をもとめるわり算があるんだね。

ポイント わり算の答えを見つけるために、かけ算の九九を使います。かけ算の九九が、しっかりできることが大切です。

もくひょう

いろいろなわり算のきまりと、計算のしかたを学習します。

おわったら
シールを
はろう

③ 0や1のわり算

きほんのワーク

教科書　84ページ　　答え　5ページ

きほん 1　0や1のわり算には、どんなきまりがありますか。

⭐ 計算をしましょう。　❶ 0÷7　　❷ 6÷1

とき方　❶　答えは、7×□=0 または、□×7=0 の□にあてはまる数なので、[　]になります。

❷　答えは、1×□=6 または、□×1=6 の□にあてはまる数なので、[　]になります。

答え　❶ [　]　　❷ [　]

たいせつ

・0を、0でないどんな数でわっても、答えはいつも0です。
・わる数が1のときは、答えはわられる数と同じになります。

1 ふくろにクッキーが入っています。クッキーを6人で同じ数ずつ分けることにしました。

📖 教科書 84ページ 1

❶　ふくろの中にクッキーが12まい入っているとき、1人分は何まいになりますか。

式

答え（　　　　　　）

❷　ふくろの中にクッキーが6まい入っているとき、1人分は何まいになりますか。

式

答え（　　　　　　）

❸　ふくろの中にクッキーが1まいも入っていないとき、1人分は何まいになりますか。

式

答え（　　　　　　）

【わり算の記号(2)】「÷」はイギリスやアメリカ合衆国でも使われているけれど、世界中で通じる記号ではなくて、「：」が使われている国もあるよ。

② わり算をしましょう。　　　　　　　　📖 教科書 84ページ**1**

① 6÷6　　　　　② 1÷1　　　　　③ 7÷7

④ 0÷6　　　　　⑤ 0÷5　　　　　⑥ 0÷4

⑦ 6÷1　　　　　⑧ 5÷1

③ 9mの長さのリボンを1mずつ切り分けます。何本のリボンが
できますか。　　　　　📖 教科書 84ページ**1**
式

答え（　　　　　　　　）

④ 8このりんごを、8人で同じ数ずつ分けます。1人分は何こに
なりますか。　　　　　📖 教科書 84ページ**1**
式

答え（　　　　　　　　）

⑤ 5÷1の式（しき）になる問題（もんだい）を2つつくりましょう。　　📖 教科書 84ページ**1**

（　　　　　　　　　　　　　　　　　　　　　　）

（　　　　　　　　　　　　　　　　　　　　　　）

ポイント　　わられる数とわる数が同じ数のわり算の答えは、1になります。
わる数が1のときは、答えはわられる数と同じになります。

練習のワーク①

勉強した日 ▶ 月 日

できた数

／12問中

おわったら
シールを
はろう

教科書 74～86ページ 答え 6 ページ

1 1人分は何こ 24本の色えん筆を、4人で同じ数ずつ分けます。1人分は何本になりますか。

式

答え （　　　　　　　）

考え方 ☆
答えは、□×4＝24
の□にあてはまる数な
ので、4 のだんの九九
でもとめられます。

2 何人に分けられる 36まいのおり紙があります。1人に9まいずつ分けると、何人に分けられますか。

式

答え （　　　　　　　）

考え方 ☆
答えは、9×□＝36
の□にあてはまる数な
ので、9 のだんの九九
でもとめられます。

3 0や1のわり算 計算をしましょう。

① 0÷6   ② 0÷3

③ 0÷5   ④ 8÷1

⑤ 7÷1   ⑥ 3÷1

⑦ 8÷8   ⑧ 4÷4

⑨ 9÷9

0や1のわり算
・0を、0でないどんな数でわっ
ても、答えはいつも0です。
・わる数が1のときは、答えはわ
られる数と同じになります。
・わられる数とわる数が同じとき、
答えは1になります。

4 1のわり算 ケーキが7こあります。7人で分けると、1人分は何こになりますか。

式

答え （　　　　　　　）

できるナビ ▶ どんなときにわり算になるかを考えることが大切だよ。

練習のワーク❷

できた数

／8問中

おわったら
シールを
はろう

1 | 1人分は何こ　35このいちごを7人で同じ数ずつ分けると、
1人分は何こになりますか。

式

答え（　　　　　　　　）

2 | 何人に分けられる　画用紙が40まいあります。1人に5まいずつ分けると、何人に
分けられますか。

式

答え（　　　　　　　　）

3 | 何人に分けられる　おはじきが64こあります。1人に8こず
つ分けると、何人に分けられますか。

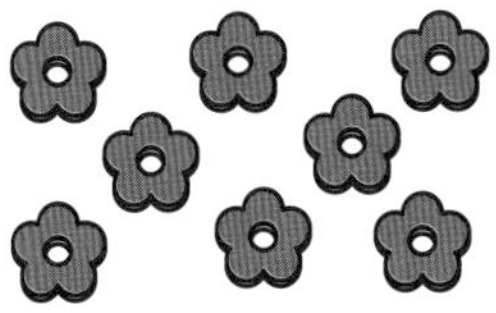

式

答え（　　　　　　　　）

4 | わり算　42dLのジュースがあります。

❶　6人に同じかさずつ分けると、1人分のかさは何dLに
なりますか。

式

答え（　　　　　　　　）

❷　1人に6dLずつ分けると、何人に分けられますか。

式

答え（　　　　　　　　）

5 | 0や1のわり算　計算をしましょう。

❶　0÷7　　　　　❷　2÷1　　　　　❸　5÷5

できるナビ　わり算がきちんとできるようにするためにも、かけ算の九九をきちんといえるようにしておこう。

5 同じ数に分ける計算を考えよう ●わり算

まとめのテスト①

時間 20分

とく点

／100点

おわったら
シールを
はろう

教科書 74〜86ページ　答え 6ページ

1 よく出る 計算をしましょう。
1つ5〔60点〕

① 30÷6　　② 27÷3　　③ 16÷4

④ 0÷8　　⑤ 24÷4　　⑥ 36÷9

⑦ 49÷7　　⑧ 9÷1　　⑨ 40÷8

⑩ 2÷2　　⑪ 45÷9　　⑫ 36÷6

2 みさきさんは、72ページある本を、毎日同じページ数ずつ読みます。9日で全部読み終えるには、1日に何ページずつ読めばよいですか。
1つ6〔12点〕

式

答え（　　　　　）

3 54本の花があります。6本ずつたばにすると、花たばは何たばできますか。
1つ6〔12点〕

式

答え（　　　　　）

4 48まいのカードを8人で同じ数ずつ分けると、1人分は何まいになりますか。
1つ8〔16点〕

式

答え（　　　　　）

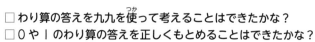
□ わり算の答えを九九を使って考えることはできたかな？
□ 0や1のわり算の答えを正しくもとめることはできたかな？

まとめのテスト❷

時間 20分

とく点 /100点

おわったら シールを はろう

教科書 74〜86ページ 答え 6ページ

1 よく出る 8このボールがあります。これらのボールを、いくつかの箱に同じ数ずつ入れます。

1つ10〔40点〕

❶ 箱が8このとき、1この箱にボールは何こ入りますか。

式

答え（　　　　　　　）

❷ 箱が1このとき、1この箱にボールは何こ入りますか。

式

答え（　　　　　　　）

2 81cmのリボンを、9人に同じ長さずつ分けます。1人分の長さは何cmになりますか。

1つ10〔20点〕

式

答え（　　　　　　　）

3 56人の子どもを、それぞれの人数が同じになるようにグループ分けしたところ、全部で7つのグループができました。1つのグループの人数は何人ですか。

1つ10〔20点〕

式

答え（　　　　　　　）

4 色紙が25まいあります。色紙は全部で5色あり、どの色も同じまい数です。それぞれの色の色紙は何まいずつありますか。

1つ10〔20点〕

式

答え（　　　　　　　）

ふろくの「計算練習ノート」3〜4ページをやろう！

 チェック ☑ □ わる数とわられる数が同じわり算が正しくできたかな？
□ 1でわるわり算が正しくできたかな？

もくひょう
あまりのあるわり算の
しかたについて、きち
んと理かいしましょう。

おわったら
シールを
はろう

① あまりのあるわり算

きほんのワーク

教科書　88〜94ページ　　答え　6 ページ

きほん 1　あまりのあるわり算のしかたがわかりますか。

⭐ 13このあめを 1箱に 3こずつ入れると、何箱できて、何こあまりますか。

とき方　同じ数ずつ分けるので、式は 13÷ ☐ となります。

13÷3の答えを見つけるときも、3のだんの九九を使います。

・箱が 3箱 → 3×3＝9

13－9＝4 ☐ このこる。

・箱が 4箱 → 3×4＝ ☐

13－ ☐ ＝ ☐ ☐ このこる。

・箱が 5箱 → 3×5＝ ☐

15－ ☐ ＝ ☐ ☐ こたりない。

箱が 5箱ではたりないので、一番多くできた ☐ 箱のときが答えになります。

このことを式で、13÷3＝4 あまり 1 と書きます。

答え ☐ 箱できて、 ☐ こあまる。

たいせつ
あまりがないときは、
わりきれるといい、
あまりがあるときは、
わりきれないといいます。

1 次のわり算が、わりきれるかわりきれないかを書きましょう。　教科書 89ページ 1

❶ 42÷6 （　　　　　）　　❷ 55÷9 （　　　　　）

❸ 24÷7 （　　　　　）　　❹ 48÷8 （　　　　　）

❺ 26÷5 （　　　　　）　　❻ 32÷4 （　　　　　）

❼ 17÷3 （　　　　　）　　❽ 73÷8 （　　　　　）

さんすうはかせ　「■÷●＝▲あまり★」のとき、■は「わられる数」、●は「わる数」だけど、▲を「商」、★を「あまり」といって、商とあまりがこのわり算の答えになるよ。

☆ $19 \div 3 = 5$ あまり 4 にまちがいがあれば、正しく計算しましょう。

とき方 あまりの 4 が、わる数の 3 より大きいので、

正しくありません。

答えは、☐ あまり ☐ です。

答え $19 \div 3 =$ ☐ あまり ☐

ちゅうい

あまりは、いつもわる数より小さくなります。

わる数＞あまり

② 次のわり算の答えが正しければ○を、まちがいがあれば正しく計算しましょう。

📖 教科書 89ページ 1
91ページ 2

① $29 \div 3 = 8$ あまり 5

② $43 \div 7 = 6$ あまり 1

（　　　　　）　　　（　　　　　）

③ $53 \div 9 = 5$ あまり 7

④ $33 \div 6 = 4$ あまり 9

（　　　　　）　　　（　　　　　）

⑤ $61 \div 9 = 7$ あまり 2

⑥ $42 \div 6 = 6$ あまり 6

（　　　　　）　　　（　　　　　）

③ おはじきが 54 こあります。7 人で同じ数ずつ分けると、1 人分は何こになって、何こあまりますか。

📖 教科書 92ページ 3

式

答え（　　　　　　　　　　　）

④ 75 このあめがあります。1 ふくろに 9 こずつ入れると、何ふくろに分けられて、何こあまりますか。

📖 教科書 93ページ 4

式

あまったこ数が 9 こより少ないことをたしかめよう。

答え（　　　　　　　　　　　）

ポイント あまりがわる数よりも大きくなってしまったら、まちがいです。あまりは、わる数よりもいつも小さくなります。

31

もくひょう・
わり算の問題をとくと
きのあまりの意味を理
かいしましょう。

おわったら
シールを
はろう

② あまりの考え方

きほんのワーク

教科書 95〜97ページ　答え 7ページ

きほん 1 問題の意味に合うように、答えをもとめられますか。

☆ 自動車に5人ずつ乗ります。32人が乗るには自動車は何台いりますか。

とき方 式を書いて計算すると、 　　　÷　　　=　　　 あまり 　　　

自動車が6台では、2人が乗れません。
あまった2人が乗るためには、自動車
がもう1台いります。

32人全員が乗れる
ようにするんだね。

6+　　　=　　　　　　答え 　　　 台

---

1 クッキーが29まいあります。このクッキーを1ふくろに4まいずつ入れます。
全部のクッキーを入れるには、何ふくろいりますか。　　　教科書 95ページ**1**

式

答え（　　　　　　　　　）

---

2 子どもが58人います。1台の長いすに6人ずつすわります。全員がすわるためには、長いすは何台いりますか。

式　　　教科書 95ページ**1**

答え（　　　　　　　　　）

---

3 57この荷物があります。1回に7こずつ運ぶと、何回で全部運ぶことができますか。　　　教科書 95ページ**1**

式

答え（　　　　　　　　　）

 ■÷●=▲あまり★のとき、●>★で、●×▲+★を計算して■になれば、計算がまち
がっていないことがたしかめられるんだよ。

きほん2 あまりをどうするかわかりますか。

☆26このりんごを、1箱に8こずつ入れます。8こ入った箱は何箱できますか。

とき方 式を書いて計算すると、□÷□＝□あまり□

8こ入った箱は□箱できて、りんごは□こあまります。

8こ入りの箱の数を答えるので、あまった2こは考えません。

答え □箱

4 はば38cmの本立てに、あつさ4cmの本を立てていきます。本は何さつ立てられますか。 教科書 96ページ2

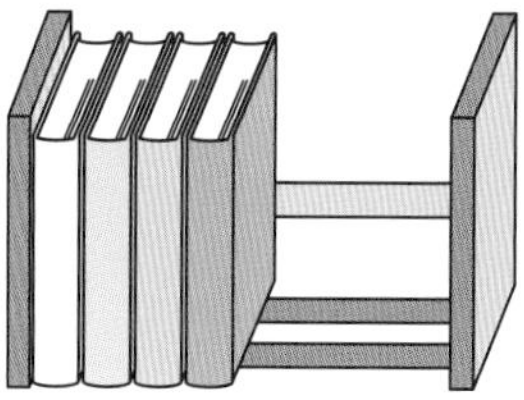

式

答え（　　　　）

5 バラの花が54本あります。8本ずつたばにして、花たばを作ります。8本ずつの花たばは、いくつできますか。 教科書 96ページ2

式

答え（　　　　）

6 23まいのちゅうせんけんがあります。このけん6まいで、くじを1回引くことができます。くじを何回引くことができますか。 教科書 96ページ2

式

答え（　　　　）

7 画びょうが19こあります。この画びょうを4こ使って、1まいの絵をはります。絵は何まいはることができますか。 教科書 96ページ2

式

答え（　　　　）

ポイント わり算でのあまりの意味をきちんと考えましょう。

練習のワーク

できた数

/11問中

おわったら
シールを
はろう

1 あまりの大きさ　次のわり算の答えが正しければ○を、まちがいがあれば正しく計算しましょう。

① $44 \div 6 = 7$ あまり 2　　（　　　　　　　）

② $58 \div 8 = 6$ あまり 10　　（　　　　　　　）

> **ちゅうい**
> わり算のあまりは、わる数より小さくなります。あまりがわる数より大きくなってしまったらまちがいです。

2 あまりのあるわり算　計算をしましょう。

① $31 \div 7$　　② $78 \div 9$　　③ $65 \div 8$

④ $16 \div 3$　　⑤ $25 \div 4$　　⑥ $43 \div 5$

3 あまりのあるわり算　かきが49こあります。5人に同じ数ずつ配ると、1人分は何こになって、何こあまりますか。

式

答え（　　　　　　　　　　）

4 あまりを考える問題　1まいの画用紙から8まいのカードが作れます。カードを60まい作るには、画用紙は何まいいりますか。

式

答え（　　　　　　　）

> 画用紙が7まいだと、カードは56まいしか作れないね。

5 あまりを考える問題　ドーナツが37こあります。1箱に6こずつ入れると、6こ入りのドーナツの箱は何箱できますか。

式

答え（　　　　　　　）

できるナビ　あまりのあるわり算では、あまりがわる数より小さくなっているかたしかめよう。

まとめのテスト

時間 **20**分

とく点 ／100点

おわったら シールを はろう

勉強した日 ▷ 　　月　　日

教科書 88〜99ページ　　答え 7 ページ

1 よく出る 計算をしましょう。　　　　　　　　　　　　1つ6〔54点〕

① 47÷8　　　　② 10÷6　　　　③ 88÷9

④ 17÷2　　　　⑤ 40÷7　　　　⑥ 38÷4

⑦ 79÷8　　　　⑧ 19÷9　　　　⑨ 42÷5

2 いちごが31こあります。1人に4こずつ分けると、何人に分けられて、何こあまりますか。　　1つ5〔10点〕

式

答え（　　　　　　　　　　　）

3 67本のえん筆があります。9人で同じ数ずつ分けると、1人分は何本になって、何本あまりますか。　　　　　　　　　　　　1つ6〔12点〕

式

答え（　　　　　　　　　　　）

4 計算問題が58題あります。毎日7題ずつとくと、全部とくには何日かかりますか。　　　　　　　　　　　　　　　　1つ6〔12点〕

式

答え（　　　　　　　　　　　）

5 ジュースが4Lあります。このジュースを6dL入るびんに分けていきます。6dL入ったびんは何本できますか。　　1つ6〔12点〕

式

答え（　　　　　　　　　　　）

□ あまりのあるわり算の計算はできたかな？
□ 問題ごとにあまりの意味を考えることはできたかな？

ふろくの「計算練習ノート」10〜11ページをやろう！

もくひょう
円のせいしつや、コンパスの使い方、また、球について学びます。

おわったら
シールを
はろう

① 円
② 球

きほんのワーク

教科書 102〜112ページ　答え 7ページ

きほん1 円のとくちょうがわかりますか。

⭐ 右の円について答えましょう。

❶ 半径が5cmのとき、直径は何cmですか。

❷ 右の円の中にひいた直線のうち、一番長い直線は
⑦〜⑦のどれですか。

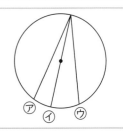

⑦　⑦　⑦

とき方 ❶ 直径の長さは半径の

長さの □ 倍なので、

□ cmです。

❷ 円の中にひいた直線のうち、

一番長いのは直径だから、

□ になります。

答え ❶ □ cm　❷ □

たいせつ

1つの点からの長さが同じになるようにしてかいたまるい形を円といい、まん中の点を円の中心、中心から円のまわりまでひいた直線を半径といいます。円の中心を通って、まわりからまわりまでひいた直線を直径といいます。直径の長さは半径の長さの2倍です。

半径　中心

直径

---

1 □にあてはまる数を書きましょう。

教科書 105ページ❷
106ページ❸

❶ 半径が7cmの円の直径の長さは、 □ cmです。

❷ 直径が16cmの円の半径の長さは、 □ cmです。

きほん2 コンパスを使って、円がかけますか。

⭐ 半径が1cmの円をかきましょう。

答え

とき方 円をかくには、コンパスを使うとべんりです。
円のかき方は、次のようにします。
1 半径の長さにコンパスを開く。
2 中心を決めて、はりをさす。
3 はりがずれないようにして、ひと回りさせる。

---

2 コンパスを使って、次の円をノートにかきましょう。

 教科書 108ページ❹

❶ 半径が6cmの円　　❷ 半径が7cmの円　　❸ 直径が8cmの円

 円をたて方向や横方向にのばしたり、ちぢめたりした形を「だ円」というよ。

☆コンパスを使って、下の直線を２cmずつに区切りましょう。

2cm

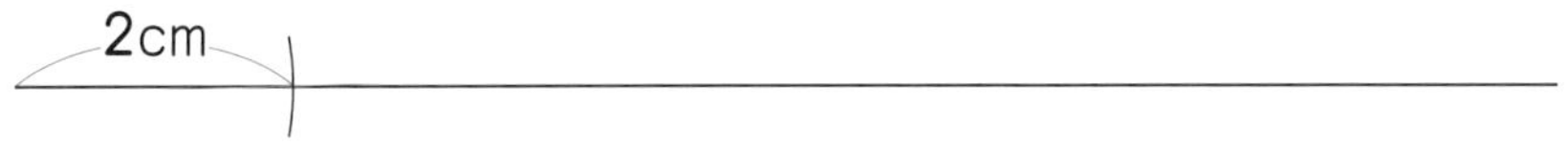

とき方　コンパスを使って、しるしをつけていきます。

① コンパスを２cmの長さだけ開く。

② 直線の左はしにはりをさす。

③ 直線に区切りを入れる。これをくり返す。

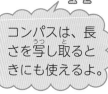
コンパスは、長さを写し取るときにも使えるよ。

答え　上の図に記入

3 コンパスを使って、アからイまでの長さを下の直線に写し取り、イの場所を表しましょう。

教科書 110ページ**6**

❶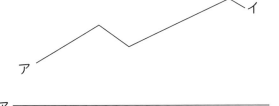

ア ────────────────

❷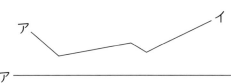

ア ──────────────

☆球の形をしたものをえらびましょう。　ⓐ　ⓘ　ⓤ

とき方　どこから見ても円に見える形を　球　といいます。ⓐはまるい形に見えますが、見る向きによって形がちがいます。ⓤはま横から見ると長方形に見えます。

答え □

たいせつ
どこから見ても円に見える形を球といいます。球を半分に切ったとき、切り口の円の中心、半径、直径を、それぞれ球の中心、半径、直径といいます。

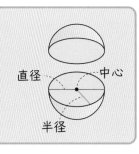
直径　中心　半径

4 □にあてはまる言葉や数を書きましょう。

教科書 112ページ**1**

❶ 球はどこで切っても、切り口の形は □ です。

❷ 直径が１２cmの球の半径の長さは、□ cmです。

❸ 半径が５cmの球の直径の長さは、□ cmです。

ポイント　１つの円では、半径や直径の長さはみな同じです。また、球は、ちょうど半分に切ったときの切り口の円が一番大きくなります。

練習のワーク

できた数

／9問中

おわったら
シールを
はろう

教科書 102〜114ページ　答え 8 ページ

1 円と球のとくちょう　□にあてはまる言葉や数を書きましょう。

❶ 直径が4cmの円の半径の長さは、□cmです。

❷ 球をま上から見ると、□に見えます。

❸ 半径が9cmの球の直径の長さは、□cmです。

❹ 半径が8cmの円の直径の長さは、□cmです。

❺ 直径が14cmの球の半径の長さは、□cmです。

> **円と球**
> ・円の半径の長さは直径の長さの半分です。
> ・球はどこから見ても円に見えます。
> ・球の直径の長さは半径の長さの2倍です。

2 円のとくちょう　下の図について答えましょう。

❶ アの点から2cm5mmはなれたところにある点を全部答えましょう。

（　　　　　）

・イ　・ウ　　　・オ
　　　　・エ　　　・カ

　　　　　・キ
　　　・ア
　・シ
　　　　　・コ
　・サ
　　　　　　　・ク
　　　・ケ

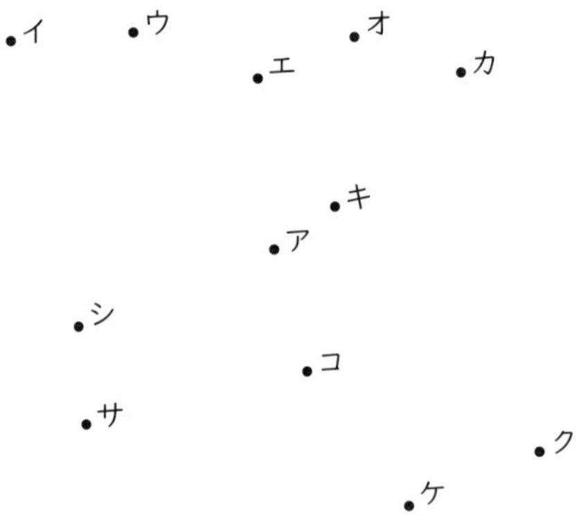

> **考え方**
>
> アの点を中心にして、
> ❶は半径2cm5mmの円、
> ❷は半径3cmの円をコンパスを使ってそれぞれかきます。

❷ アの点から3cmよりはなれたところにある点を全部答えましょう。

（　　　　　）

3 円のとくちょう　右の図のように、半径が9cmの円の直径の上に同じ大きさの円が3こならんでいます。小さい円の直径は何cmですか。

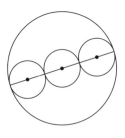

4 球のとくちょう　直径が8cmのボールが3こあります。これを1列にすき間なくつつの中に入れるには、つつの長さは何cmあればよいですか。

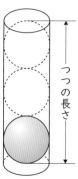

つつの長さ

できるナビ　円や球のとくちょうをおぼえておこう。

とく点

/100点

おわったら
シールを
はろう

教科書 102～114ページ　答え 8 ページ

1 右の長方形の中に半径が3cmの円を、重ならないよう
に、すき間なくできるだけたくさんかくと、何こかけます
か。　　　　　　　　　　　　　　　　　　　　　　　〔20点〕

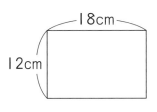

（　　　　　　　　　）

2 よく出る 直径が8cmの円を右のようにならべました。

1つ15〔30点〕

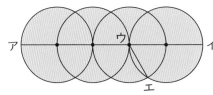

❶ アイの直線の長さは何cmですか。

（　　　　　　　　　）

❷ ウエの直線の長さは何cmですか。

（　　　　　　　　　）

3 よく出る 右のように、ボールがすき間なく入っている箱があります。

1つ15〔30点〕

❶ ボールの直径は何cmですか。

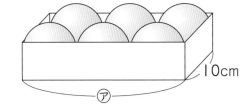

（　　　　　　　　　）

❷ ㋐の長さは何cmですか。

（　　　　　　　　　）

4 コンパスを使って、次のもようをかきましょう。

〔20点〕

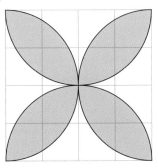

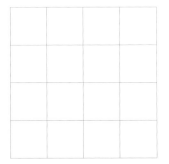

① 何十、何百のかけ算
② （2けた）×（1けた）の筆算

もくひょう・
かけられる数が2けたのかけ算のしかたを学習します。

おわったら
シールを
はろう

きほんのワーク

教科書 116〜123ページ 　 答え 8ページ

きほん 1 何十や、何百の計算ができますか。

☆ 次の代金は何円ですか。
　① 1こ30円の消しゴム2こ　　② 1ふくろ400円のあめ3ふくろ

とき方 ① 代金をもとめる式は、□×2です。30は10の3こ分で、その2倍だから、3×□=□より、10の□こ分です。

② 式は、□×3です。400は100の4こ分で、その3倍だから、□×□=□より、100の□こ分です。

答え ① □円　② □円

1 計算をしましょう。
📖 教科書 117ページ①
① 60×8　　② 50×7　　③ 700×4　　④ 800×6

きほん 2 くり上がりのない（2けた）×（1けた）の筆算ができますか。

☆ 34本入りのえん筆の箱が2箱あります。えん筆は全部で何本ありますか。

とき方 えん筆の本数をもとめる式は、□×□です。筆算は、位をたてにそろえて書いて、一の位から、かける数のだんの九九を使って計算します。

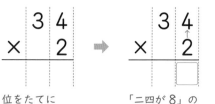
位をたてに
そろえて書く。

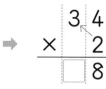
「二四が8」の
8を一の位に
書く。

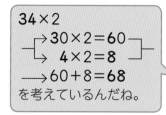
「二三が6」の
6を十の位に
書く。

34×2
→30×2=60
　4×2=8
→60+8=68
を考えているんだね。

答え □本

2 計算をしましょう。
📖 教科書 119ページ①

①　2 3
　×　 2

②　3 1
　×　 3

③　3 3
　×　 2

④　1 1
　×　 6

⑤　4 2
　×　 2

 [九九の表(1)]けた数がふえてもかけ算のきほんは九九の表だけれども、その九九の答えで、一の位の数が全部ちがっているだんはどのだんかな。

（答えは42ページ）

3 |つの辺の長さが21cmの正方形のまわりの長さは
何cmですか。　　　　　　　　　📖**教科書** 119ページ**1**

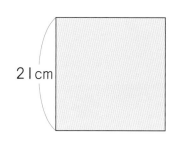
21cm

式

答え（　　　　　　　　）

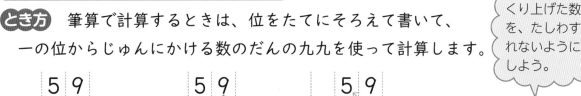
きほん3 **くり上がりのある（2けた）×（1けた）の筆算ができますか。**

⭐ 59×7を筆算で計算しましょう。

とき方 筆算で計算するときは、位をたてにそろえて書いて、
一の位からじゅんにかける数のだんの九九を使って計算します。

くり上げた数
を、たしわす
れないように
しよう。

```
  5 9
× 　7
```
位をたてに
そろえて書く。

➡

```
  5 9
× 　7↑
  　6□
```
「七九63」の3
を一の位に書き、
6を十の位にく
り上げる。

➡

```
  5 9
× 　7↖
  6
  □ □ 3
```
「七五35」の35にくり
上げた6をたして41。
1を十の位に、4を百の
位に書く。

答え 　

4 計算をしましょう。　　　　　　　　　📖**教科書** 122ページ**2**
　　　　　　　　　　　　　　　　　　　　　　　123ページ**3** **4**

❶
```
  2 4
× 　4
```

❷
```
  3 5
× 　2
```

❸
```
  8 2
× 　4
```

❹
```
  3 1
× 　9
```

❺
```
  6 4
× 　5
```

❻
```
  8 9
× 　7
```

❼
```
  2 9
× 　4
```

❽
```
  3 4
× 　3
```

❾
```
  7 8
× 　8
```

❿
```
  5 8
× 　7
```

5 トラックで、荷物を1回に94こずつ運びます。8回運ぶ
と、全部で何この荷物を運べますか。　　📖**教科書** 123ページ**4**

式

答え（　　　　　　　　）

ポイント 筆算は、位をたてにそろえて書いて、一の位、十の位のじゅんに、かける数のだんの九九を
使って計算します。くり上がりに気をつけましょう。

⑧ かけ算のしかたを考えよう ●かけ算の筆算

③ （３けた）×（１けた）の筆算　④ かけ算のきまり　⑤ かけ算と言葉の式や図

きほんのワーク

教科書 124～129ページ　答え 9ページ

きほん ① くり上がりのない（３けた）×（１けた）の筆算ができますか。

☆ けんさんは213円のおかしを3こ買いました。代金は何円ですか。

とき方 代金をもとめる式は、 ☐ ×3です。

筆算は、位をたてにそろえて書いて、一の位から、かける数のだんの九九を使って計算します。

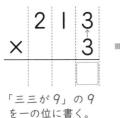
```
  2 1 3
×     3
────────
      ☐
```
「三三が9」の9を一の位に書く。

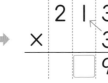
```
  2 1 3
×     3
────────
    ☐ 9
```
「三一が3」の3を十の位に書く。

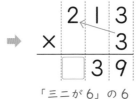
```
  2 1 3
×     3
────────
  ☐ 3 9
```
「三二が6」の6を百の位に書く。

（2けた）×（1けた）の計算のときと同じように、一の位からじゅんに計算すればいいね。

答え ☐ 円

---

① 計算をしましょう。

教科書 124ページ🅰
126ページ🅲

①
```
  1 3 1
×     3
```

②
```
  2 2 1
×     4
```

③
```
  2 3 3
×     3
```

④
```
  3 1 4
×     2
```

⑤
```
  4 2 3
×     2
```

⑥
```
  1 1 1
×     8
```

⑦
```
  4 0 3
×     2
```

0のあるかけ算
```
  2 0 1
×     3
────────
  6 0 3
```
0を書きます。

---

② 1本222mL入りのかんジュースが3本あります。ジュースは全部で何mLありますか。

教科書 124ページ🅰

式

答え（　　　　　　　　　）

[九九の表(2)]九九の答えの一の位は、1のだんは「1→9」、9のだんは「9→1」になるよ。3と7のだんもふえたり、へったりしながら、1～9の数が出てくるよ。

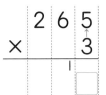 **きほん2** くり上がりのある（3けた）×（1けた）の筆算ができますか。

> ☆ 265×3を筆算で計算しましょう。

とき方 一の位からじゅんに計算します。くり上げた数をたしわすれないようにします。

```
  2 6 5        2 6 5        2 6 5
×     3   →  ×     3   →  ×     3
  ┌─┐          ┌─┐┌─┐        ┌─┐┌─┐
  └─┘          └1┘ 5         └─┘9 5
```
 **答え** ☐

③ 計算をしましょう。

教科書 125ページ**2** 126ページ**3**

① 　 2 1 5 　　② 　 3 7 9 　　③ 　 1 7 3 　　④ 　 5 0 3
　×　　　4 　　　×　　　2 　　　×　　　9 　　　×　　　7

④ 1こ420円のケーキを5こ買いました。代金は何円ですか。

式

教科書 126ページ**3**

答え（　　　　　　　　　　　）

 **きほん3** 「3つの数のかけ算」のしかたがわかりますか。

> ☆ 1ふくろ80円のあめを1人に2ふくろずつ配ります。4人に配るとすると、代金は何円になりますか。

とき方 《1》1人分は80×☐＝☐より、☐円。全部で、

☐×☐＝☐より、☐円です。…80×2×4
　　　　　　　　　　　　　　　　　　　1人分の代金

《2》4人分のふくろの数は☐×4＝☐より、☐ふくろだから、全部で

80×☐＝☐より、☐円です。
…80×(2×4)
　4人分のふくろの数

答え ☐ 円

たいせつ
3つの数のかけ算では、はじめの2つの数を先にかけても、あとの2つの数を先にかけても、答えは同じになります。
(■×●)×▲＝■×(●×▲)

⑤ くふうして計算しましょう。

教科書 127ページ**1**

① 60×3×2　　　　　　　② 315×2×2

 ポイント （3けた）×（1けた）の筆算のしかたは、（2けた）×（1けた）の筆算のしかたと同じようにします。くり上がりに注意して計算しましょう。

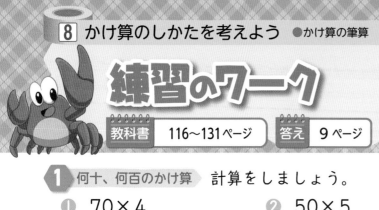

練習のワーク

教科書 116〜131ページ　答え 9ページ

できた数
/16問中

おわったら
シールを
はろう

1 何十、何百のかけ算　計算をしましょう。

① 70×4
10が7こ分

② 50×5

③ 80×9

④ 300×4
100が3こ分

⑤ 200×8

⑥ 900×4

2 筆算のしかた　計算のまちがいを見つけて、正しく計算しましょう。

①
```
    7 3
×     6
4 2 1 8
```

②
```
  4 0 2
×     3
  1 2 6
```

考え方
まずは答えの見当をつけてみます。
① 70×6=420
② 400×3=1200

3 かけ算の筆算　計算をしましょう。

① 36×3

② 92×4

③ 45×8

④ 173×5

⑤ 590×7

⑥ 385×6

4 （2けた）×（1けた）の筆算　1たばが26まいのおり紙が9たばあります。おり紙は、全部で何まいありますか。

式

答え（　　　　　　）

考え方
9たば分のまい数はかけ算でもとめます。
26×9=234
| 1つ分の大きさ | いくつ分 | 全体の大きさ |

5 （3けた）×（1けた）の筆算　1こ620円のべんとうを5こ買いました。代金は何円ですか。

式

答え（　　　　　　）

620円

できるナビ　くり上がりのあるかけ算は、くり上がる数に注意して計算しよう。

まとめのテスト

とく点

/100点

おわったら
シールを
はろう

時間 **20**分

教科書　116〜131ページ　　答え　9ページ

1 よく出る 計算をしましょう。

1つ5〔70点〕

① 90×2　　　② 31×2　　　③ 14×5

④ 88×6　　　⑤ 46×5　　　⑥ 37×8

⑦ 69×3　　　⑧ 600×7　　　⑨ 243×2

⑩ 982×4　　　⑪ 309×9　　　⑫ 635×8

⑬ 420×6　　　⑭ 825×4

2 1まい400円のハンカチを8まい買いました。代金は何円ですか。
1つ5〔10点〕

式

答え（　　　　　　　）

3 本を毎日16ページ読みます。9日間では何ページ読みますか。
1つ5〔10点〕

式

答え（　　　　　　　）

4 1しゅうが217mの公園のまわりを4しゅう走ります。
全部で何m走りますか。
1つ5〔10点〕

式

答え（　　　　　　　）

ふろくの「計算練習ノート」12〜15ページをやろう！

 チェック ✔
□（2けた）×（1けた）の筆算はできたかな？
□（3けた）×（1けた）の筆算はできたかな？

45

① 答えが2けたになるわり算

もくひょう
答えが2けたになるわり算のしかたについて理かいしましょう。

おわったら
シールを
はろう

きほんのワーク

教科書 132〜133ページ 答え 10ページ

きほん 1 答えが2けたになるわり算の計算ができますか。

☆ 計算をしましょう。 ❶ 60÷2 ❷ 66÷3

とき方 ❶ 10をもとにして考えます。
60 ⟶ 10が □ こ

60÷2→6÷2= □ より、10が □ こなので、60÷2= □

❷ 66を60と □ に位ごとに分けて考えます。

$$66÷3 \begin{cases} → 60÷3= \boxed{} \\ → 6÷3= \boxed{} \end{cases} → \boxed{} + \boxed{} = \boxed{}$$

答え
❶ □
❷ □

---

1 計算をしましょう。

教科書 132ページ **1**
133ページ **2**

❶ 50÷5　　　❷ 80÷8　　　❸ 60÷6

❹ 68÷2　　　❺ 93÷3　　　❻ 44÷4

---

2 90このチョコレートを、9こずつふくろに入れていきます。9こ入りのふくろは何ふくろできますか。

教科書 132ページ **1**

式

答え（　　　　　）

---

3 99本のえん筆を、9人で同じ数ずつ分けます。1人分は何本になりますか。

教科書 133ページ **2**

式

答え（　　　　　）

何十のわり算の答えは、10をもとにして考えます。また、2けたのわられる数は、位ごとに分けて考えます。

勉強した日 》　月　日

時間 20分

とく点 /100点

教科書 132〜133ページ　答え 10ページ

おわったら
シールを
はろう

1 計算をしましょう。　　　　　　　　　　　　　　　　　　　1つ4〔48点〕

① 40÷4　　　　② 30÷3　　　　③ 20÷2

④ 33÷3　　　　⑤ 46÷2　　　　⑥ 88÷4

⑦ 66÷6　　　　⑧ 88÷8　　　　⑨ 36÷3

⑩ 82÷2　　　　⑪ 68÷2　　　　⑫ 42÷2

2 子どもが80人います。同じ人数ずつ4つのグループに分けると、1つのグループは何人になりますか。　　　　　　　　　　　　　　　　　　　1つ8〔16点〕

式

答え (　　　　　　　　)

3 あめが93こあります。3人に同じ数ずつ配ると、1人分は何こになりますか。
　　　　　　　　　　　　　　　　　　　　　　　　　　　　　　1つ9〔18点〕
式

答え (　　　　　　　　)

4 ジュースのびんが84本あります。これを1箱に4本ずつ入れていきます。4本入りの箱は何箱できますか。　　　　　　　　　　　　　　　　　1つ9〔18点〕

式

答え (　　　　　　　　)

 チェック ✓　□ 10をもとにして考えてわり算をすることはできたかな？
　　　　　　　　　　　□ わられる数を位ごとに分けてわり算をすることはできたかな？

もくひょう・
大きな数の表し方やしくみについて学習します。

おわったらシールをはろう

① 大きな数の表し方 [その1]

きほんのワーク

教科書　134〜141ページ　答え　10ページ

きほん 1　大きな数の表し方がわかりますか。

☆□にあてはまる言葉や数を書きましょう。

20000 と 5000 と 600 と 70 と 8 を合わせた数を数字で書くと

□　です。また、漢字で書くと、□　です。

とき方

1000 の 10 こ分が 10000 だね。

10000が 2こで 20000	1000が 5こで 5000	100が 6こで 600	10が 7こで 70	1が 8こで 8
一万の位	千の位	百の位	十の位	一の位
2	5	6	7	8

答え　問題文中に記入

1 数字で表された数は漢字で、漢字で表された数は数字で書きましょう。

① 79025

② 三万二千五百四十　　教科書 135ページ 1

（　　　　　　　　　）　　（　　　　　　　　　）

きほん 2　大きな数のしくみがわかりますか。

☆□にあてはまる言葉や数を書きましょう。

14638020 は、1000万を□こ、100万を□こ、10万を□

こ、1万を□こ、1000を□こ、10を□こ合わせた数です。

また、漢字で書くと、□　です。

とき方　大きな数のしくみは、次のようになっています。

千が10こで一万　→　　　10000

一万が10こで十万　→　　100000

十万が10こで百万　→　1000000

百万が10こで千万　→　10000000

千万の位	百万の位	十万の位	一万の位	千の位	百の位	十の位	一の位
1	4	6	3	8	0	2	0

答え　問題文中に記入

さんすうはかせ　「万」の上の位は「億」で、その上の位は「兆」というよ。国の予算などで○兆円というお金を耳にするよね。

2 □にあてはまる数を書きましょう。

📖 教科書 137〜139ページ 141ページ **5**

❶ 93814は、10000を [ ] ことと [ ] を合わせた数です。

❷ 1000万を2こ、100万を7こ、1万を5こ合わせた数は [ ] です。

❸ 1000を49こ集めた数は [ ] です。

❹ 18000は1000を [ ] こ集めた数です。

❺ 1000万を [ ] こ集めた数を一億といいます。

❻ 100万を100こ集めた数が [ ] です。

❺❻千万の位の上の位は「一億の位」だよ。1000万を10こ集めた数が**一億**で、100000000と書くよ。

❼ 0から7までの8この数字を全部使ってできる数のうち、一番小さい数は [ ] です。

きほん 3 数直線を読むことができますか。

☆ 下の数直線で、㋐〜㋘の目もりが表す数を書きましょう。

0　100000　200000　300000　400000　500000

㋐　　㋑　　㋒　　㋓

とき方 まず、一番小さい1目もりが表す数の大きさを考えます。一番小さい1目もりの大きさは [ ] です。

たいせつ 数直線では、右へいくほど数が大きくなります。

答え ㋐ [ ]　㋑ [ ]　㋒ [ ]　㋓ [ ]

---

3 下の数直線について答えましょう。

📖 教科書 140ページ **4**

0　10000　20000　30000　40000　50000

㋐　　㋑　　㋒

❶ 一番小さい1目もりはいくつを表していますか。

（　　　　　　　　）

❷ ㋐〜㋒の目もりが表す数を書きましょう。

㋐（　　　　　）　㋑（　　　　　）　㋒（　　　　　）

❸ 32000を表す目もりに↑を書きましょう。

ポイント 千が10こで一万、一万が10こで十万というように、ある位の数が10こ集まると上の位になります。1000万が10こ集まると、上の位の1億になります。

もくひょう
大きな数のかんけいや計算のしかたを理かいします。

おわったらシールをはろう

① 大きな数の表し方 [その2] ② 10倍した数や 10 でわった数 ③ 数の見方

きほんのワーク

教科書 142〜146ページ　答え 10ページ

きほん 1　数の大きさをくらべることができますか。

☆□にあてはまる不等号を書きましょう。

36240 □ 35900

たいせつ
＝の記号を等号といい、大きさが同じであることを大きさが等しいといいます。また、＞や＜の記号を不等号といいます。不等号は、左がわと右がわの数や式の大小を表すしるしです。

大＞小
小＜大

とき方　一万の位の数字が同じなので、千の位の数字でくらべます。

答え　問題文中に記入

1 □にあてはまる等号か不等号を書きましょう。　教科書 142ページ**6**

❶ 34100 □ 24900

❷ 580000 □ 590000

❸ 10000 □ 9999＋1

❹ 392033 □ 390533

きほん 2　10 倍した数はどんな数になりますか。

☆65 を 10 倍すると、どのような数になりますか。

とき方　65 の 10 倍は、65 を 60 と 5 に分けて、それぞれ 10 倍して合わせます。

たいせつ
ある数を 10 倍すると、位が 1 つ上がり、もとの数の右に 0 を 1 こつけた数になります。

6	5	
6	5	0

10倍

65×10 {
→ 60×10＝□
→ 5×10＝□
} → □

答え □

2 次の数を 10 倍した数を書きましょう。　教科書 143ページ**1 2**

❶ 90
（　　　）

❷ 58
（　　　）

❸ 77
（　　　）

❹ 190
（　　　）

❺ 800
（　　　）

❻ 214
（　　　）

さんすうはかせ　10 でわることは、10 こに等しく分けることだよ。

3 次の数を100倍、1000倍した数をそれぞれ書きましょう。　📖 教科書 144ページ**3**

① 65

　100倍 (　　　　　)

　1000倍 (　　　　　)

② 90

　100倍 (　　　　　)

　1000倍 (　　　　　)

③ 190

　100倍 (　　　　　)

　1000倍 (　　　　　)

④ 800

　100倍 (　　　　　)

　1000倍 (　　　　　)

	3 2	
3 2 0		↰10倍
3 2 0 0		↰10倍	100倍

きほん**3** 一の位に0のある数を10でわると、どんな数になりますか。

☆240を10でわると、どのような数になりますか。

とき方　10でわると、

240÷10= ⬚ です。

答え ⬚

たいせつ

一の位に0のある数を
10でわると、位が1
つ下がり、一の位の0
をとった数になります。

2	4	0
	2	4

10で
わる

---

4 次の数を10でわった数を書きましょう。　📖 教科書 145ページ**4**

① 50

(　　　　　)

② 730

(　　　　　)

③ 600

(　　　　　)

④ 310

(　　　　　)

⑤ 4800

(　　　　　)

┌10でわる┐
60　　　　600
└10倍┘

---

5 次の数を10倍、100倍、1000倍した数と10でわった数を書きましょう。

① 2020　📖 教科書 143〜145ページ

10倍した数	100倍した数	1000倍した数	10でわった数
(　　　　)	(　　　　)	(　　　　)	(　　　　)

② 470

10倍した数	100倍した数	1000倍した数	10でわった数
(　　　　)	(　　　　)	(　　　　)	(　　　　)

ポイント 数を10倍すると、位が1つ上がり、もとの数の右に0を1こつけた数になり、100倍
すると、位が2つ上がり、もとの数の右に0を2こつけた数になります。

練習のワーク

教科書 134〜148ページ　答え 11ページ

できた数 ／18問中

おわったら
シールを
はろう

1 大きな数のしくみ　□にあてはまる数を書きましょう。

❶ 85294630の一万の位の数字は □ で、千万の位の数字は □ です。

一の位から4けたごとに区切るとわかりやすくなります。

❷ 1000万を10こ集めた数を一億といい、数字で □ と書きます。

2 数直線　下の数直線について答えましょう。

```
260000      270000      280000      290000
 |_____|_____|_____|_____
      ↑           ↑                      ↑
      ㋐           ㋑                      ㋒
```

❶ ㋐〜㋒の目もりが表す数を書きましょう。

└─一番小さい1目もりは、10こで10000になる数だから1000を表しています。

㋐（　　　　　　　）㋑（　　　　　　　）㋒（　　　　　　　）

❷ 274000、289000を表す目もりに↑を書きましょう。

3 等号、不等号　□にあてはまる等号か不等号を書きましょう。

❶ 92100 □ 91300

❷ 547280 □ 551120

❸ 4500+900 □ 5000

❹ 300万 □ 285万+14万

4 10倍、100倍した数、10でわった数　630を10倍、100倍した数、10でわった数を書きましょう。

10倍
した数（　　　　　　　）

100倍
した数（　　　　　　　）

10で
わった数（　　　　　　　）

一の位の0をとった数になります。

5 数の見方　57000という数について、□にあてはまる数を書きましょう。

❶ 57000は、1000の □ こ分です。

❷ 57000は、1万を □ ことと、1000を □ こ合わせた数です。

❸ 57000は、60000より □ 小さい数です。

❹ 57000は、□ を10でわった数です。

できるナビ　大きい数では0の書きわすれや数えまちがいをしないように注意しよう。

まとめのテスト

教科書　134〜148ページ　　答え　11ページ

時間 **20**分

とく点　　　／100点

おわったら
シールを
はろう

1 よく出る 数字で書きましょう。　　　　　　　　　　　1つ7〔21点〕

❶　100万を79こ集めた数　　　　　　（　　　　　　　　　）

❷　10万を20こと、100を60こ合わせた数　（　　　　　　　　　）

❸　60000を10でわった数　　　　　　（　　　　　　　　　）

2 ☐にあてはまる数を書きましょう。　　　　　　　　1つ5〔25点〕

470000　　㋐　　　490000　　㋑　　510000　　520000

㋒　　　8000万　　8500万　　㋓　　9500万　　㋔

3 ☐にあてはまる等号か不等号を書きましょう。　　　1つ7〔21点〕

❶　3274516 ☐ 3274156　　　　❷　2800 ☐ 27000

❸　540万 ☐ 50万＋490万

4 970000という数について、☐にあてはまる数を書きましょう。　1つ5〔15点〕

❶　900000と ☐ を合わせた数

❷　1000000より ☐ 小さい数

❸　1000を ☐ こ集めた数

5 7200まいの紙を同じまい数ずつたばにして、10このたばに分けます。1たばのまい数は、何まいになりますか。

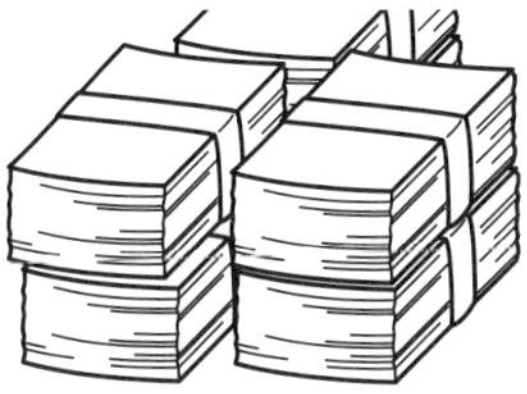

式　　　　　　　　　　　　　　　　　　　　1つ9〔18点〕

答え（　　　　　　　　　）

ふろくの「計算練習ノート」16ページをやろう！

もくひょう
１より小さい大きさを数で表せるようにしましょう。

おわったらシールをはろう

① 小数 ② 小数のしくみ
③ 小数の計算 ［その１］

きほんのワーク

教科書 150〜162ページ 答え 11ページ

きほん 1 １L より少ないかさを L で表せますか。

⭐ 水とうに入っている水のかさを１Lますではかったら、右の図のように１Lとあと少しありました。水とうに入っていた水は何Lですか。

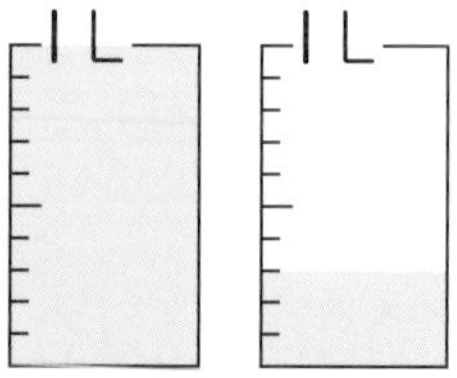

とき方 １Lより少ないかさは、0.1L
のいくつ分かで表します。

右のかさは0.1Lの ▢ つ分だから、

▢ Lです。水とうに入っている
　↑ れい点三と読みます。

水のかさは、１Lと0.3Lを合わせて

▢ Lです。
　↑ 一点三と読みます。

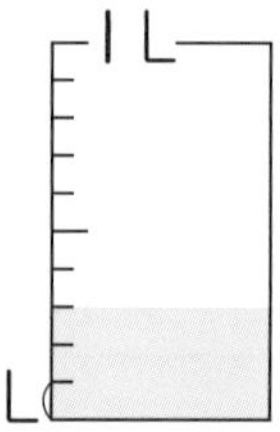

0.1L ← １dL と等しいです。

たいせつ ⭐
１Lを10等分した１つ分のかさを0.1Lと書いて、れい点一リットルと読みます。1.3や0.4のような数を**小数**といい、「.」を**小数点**といいます。0、１、２、３、……のような数を**整数**といいます。

答え ▢ L

---

1 下の水のかさは、それぞれ何Lですか。

📖 教科書 151ページ ①

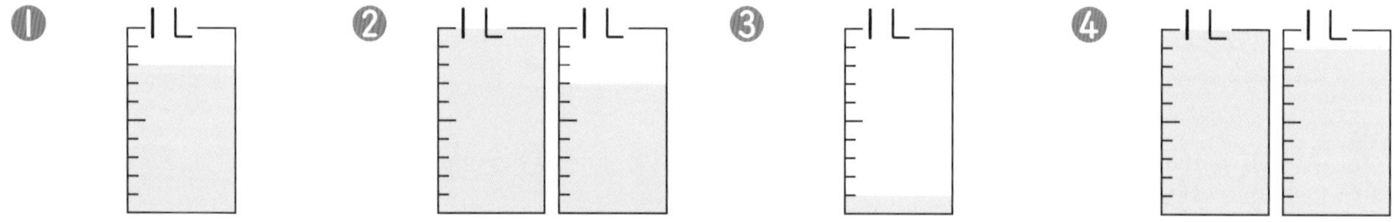

① ② ③ ④

( ) ( ) ( ) ( )

きほん 2 ２つの単位で表された長さを１つの単位で表せますか。

⭐ 下のテープの長さは、何cmですか。

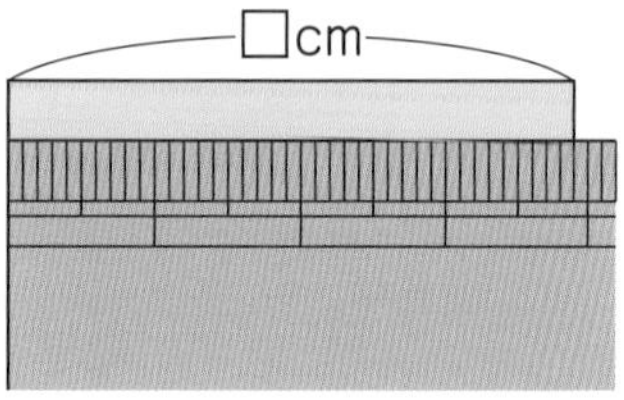

▢cm

とき方 １mmは１cmを10等分した１つ分の長さだから ▢ cmです。9mmは0.1cmの9つ分の長さだから ▢ cmで、３cmと0.9cmを合わせて ▢ cmです。

たいせつ ⭐
２つの単位を使って表されている長さは、小数を使うと、１つの単位で表せます。１mm＝0.1cm

答え ▢ cm

さんすうはかせ 🎓 小数は、１を10等分したもの（0.1）をもとにして、それのいくつ分かで考えるよ。さらに、0.1を10等分した0.01、0.01を10等分した0.001は、４年生で習うよ。

2 次のものさしの左のはしから㋐〜㋔までの長さは、それぞれ何cmですか。

📖 教科書 153ページ❷

㋐ (　　　　　)　　㋑ (　　　　　)　　㋒ (　　　　　)　　㋓ (　　　　　)

きほん 3　小数のしくみがわかりますか。

☆ 右の㋐〜㋒の目もりが表す小数を書きましょう。

0　1　2　3　4
㋐　㋑　　　　　㋒

とき方　上の数直線の1目もりの大きさは0.1だから、0.1の目もりがいくつ分かを考えます。㋐は、0.1の6つ分で [　　] です。

答え ㋐ [　　]　　㋑ [　　]　　㋒ [　　]

たいせつ
小数で、小数点のすぐ右の位を**小数第一位**といいます。

2 … 一の位
. … 小数点
5 … 小数第一位

---

3 下の数直線で、㋐〜㋓を表す目もりに↑を書きましょう。

㋐ 0.5　　㋑ 1.1　　㋒ 2.7　　㋓ 2.9

📖 教科書 156ページ❷

0　　　1　　　2　　　3

きほん 4　小数のたし算やひき算の計算のしかたがわかりますか。

☆ 次の計算をしましょう。　❶ 0.6＋0.3　　❷ 0.6−0.3

とき方　0.1のいくつ分かを考えて、計算します。

❶ 0.6は0.1の [　　] こ分
　0.3は0.1の [　　] こ分
　合わせて0.1の [　　] こ分

❷ 0.6は0.1の [　　] こ分
　0.3は0.1の [　　] こ分
　ちがいは0.1の [　　] こ分

たいせつ
0.1のいくつ分かを考えて計算します。

答え ❶ [　　]　　❷ [　　]

---

4 計算をしましょう。

📖 教科書 159ページ❶ 162ページ❸

❶ 0.5＋0.2　　❷ 0.9＋0.6　　❸ 0.7−0.5　　❹ 1−0.8

ポイント　小数のしくみも、整数と同じで、0.1が10こ集まると、1つ上の位（一の位）に上がります。

もくひょう
小数のたし算とひき算の筆算ができるようにします。

おわったら
シールを
はろう

③ 小数の計算 [その2]
④ 数の見方

きほんのワーク

教科書 161~164ページ　答え 11ページ

きほん 1 　小数のたし算を筆算でできますか。

☆次の計算を筆算でしましょう。
　① 2.7＋1.5　　② 5.4＋2.6

とき方　小数のたし算も、整数のたし算と同じように、位をそろえて書き、右の位から計算します。
　筆算は、右のようにします。

1	0.1
1	0.1 0.1 0.1 0.1 0.1
1	0.1 0.1
1	0.1 0.1 0.1 0.1 0.1

①
$$\begin{array}{r} 2.7 \\ +\,1.5 \\ \hline \end{array}$$
位をそろえて書く。
→
$$\begin{array}{r} 2.7 \\ +\,1.5 \\ \hline \square\square \end{array}$$
整数のたし算と同じように計算する。
→
$$\begin{array}{r} 2.7 \\ +\,1.5 \\ \hline 4\square 2 \end{array}$$
上の小数点にそろえて、答えの小数点をうつ。

②
$$\begin{array}{r} 5.4 \\ +\,2.6 \\ \hline \end{array}$$
→
$$\begin{array}{r} 5.4 \\ +\,2.6 \\ \hline \square\square \end{array}$$
→
$$\begin{array}{r} 5.4 \\ +\,2.6 \\ \hline 8.0 \end{array}$$
小数第一位が0になったときは、0と小数点を消す。

答え ①□　②□

1 次の計算を筆算でしましょう。

📖教科書 161ページ②

① 0.3＋4.5　　② 1.5＋3.2　　③ 2.6＋3.9

④ 1.4＋5.7　　⑤ 6.8＋2.5　　⑥ 4＋3.5

⑦ 1.9＋22　　⑧ 2.3＋4.7　　⑨ 39.8＋0.2

さんすうはかせ　1を等しく分けるという数の考えには、小数の他に「分数」というものがあるよ。

☆ 次の計算を筆算でしましょう。　❶ 4.5 − 1.7　❷ 6 − 2.4

とき方　小数のひき算も、たし算と同じように、位をそろえて書き、右の位から計算します。

❶
```
  4.5        4.5        4.5
− 1.7   →  − 1.7   →  − 1.7
                       2□8
```
位をそろえて書く。　整数のひき算と同じように計算する。　上の小数点にそろえて、答えの小数点をうつ。

❷
```
  6          6 0        6 0
− 2.4   →  − 2.4   →  − 2.4
                       3□6
```
6 を 6.0 と考えて、計算する。　整数と同じように計算し、小数点をうつ。

答え ❶ [　　　　]　❷ [　　　　]

---

2 次の計算を筆算でしましょう。　📖**教科書** 163ページ**4**

❶ 4.7 − 3.2　　　　❷ 6.8 − 4.5　　　　❸ 9.2 − 5.6

❹ 2.4 − 1.9　　　　❺ 11.2 − 3.7　　　　❻ 4 − 2.8

❼ 7.6 − 5　　　　❽ 8.3 − 4.3

> 筆算は位をそろえて書くのが大切なんだね。

3 4.3 という数について、□にあてはまる数を書きましょう。　📖**教科書** 164ページ**1**

❶ 4.3 は 1 を [　　　] ことと 0.1 を [　　　] こ合わせた数です。

❷ 4.3 は 0.1 を [　　　] こ集めた数です。

❸ 4.3 は 5 より [　　　] 小さい数です。

❹ 4.3 は 4 より [　　　] 大きい数です。

ポイント　小数の筆算は、それぞれの位をそろえて書いて、計算します。くり上がりやくり下がりのしくみは、整数のときと同じです。

練習のワーク

勉強した日 月 日

できた数 ／19問中

おわったら
シールを
はろう

教科書 150～166ページ　答え 12ページ

1 1より小さい大きさの表し方　□にあてはまる数を書きましょう。

考え方
1Lを10等分した1
こ分のかさが0.1Lで
す。1dL＝0.1L

① 0.1Lを10こ集めたかさは □ Lです。

② 1.4Lは、0.1Lの □ こ分です。

③ 十の位が3、一の位が0、小数第一位が5の数は、 □ です。

④ 1を6こと、0.1を4こ合わせた数は、 □ です。

⑤ 7cm3mm＝ □ cm　　⑥ 0.7cm＝ □ mm

2 小数のしくみ　次の数直線で、㋐～㋒の目もりが表す小数を書きましょう。

数直線の目もり
数直線の1目もりが
0.1なので、0.1の
目もりのいくつ分か
を考えます。

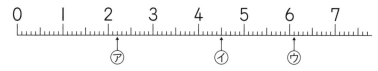

㋐（　　　　）　㋑（　　　　）　㋒（　　　　）

3 小数のしくみ　□にあてはまる不等号を書きましょう。

不等号（＞、＜）
左がわと右がわの数
の大小を表すしるし
大＞小　小＜大

① 0 □ 0.2　　　② 0.7 □ 0.3

③ 1.8 □ 0.8　　　④ 5.5 □ 6.1

4 小数のたし算とひき算　計算をしましょう。

① 4.6＋1.8　　　② 2.5＋6

③ 6.3＋0.7　　　④ 1.6－0.9

⑤ 5.6－2.6　　　⑥ 8－0.8

答えの小数第一位が0
になったときは、0と
小数点を消すんだね。

できるナビ　小数を、いろいろな見方をして表せるようになろう。

まとめのテスト

教科書 150～166ページ 　答え 12ページ

時間 **20** 分

とく点 /100点

おわったら
シールを
はろう

1 □にあてはまる数を書きましょう。　　　　　　　　　　　　1つ5〔25点〕

❶ 1を7こと、0.1を4こ合わせた数は、□ です。

❷ 0.1を25こ集めた数は、□ です。

❸ 0.9は、0.1を□こ集めた数です。

❹ 5.4L=□L□dL　　　　　❺ 8dL=□L

2 よく出る 計算をしましょう。　　　　　　　　　　　　　1つ5〔45点〕

❶ 0.3+2.6　　　❷ 4.7+3.5　　　❸ 5.2+3.9

❹ 32+3.8　　　❺ 24.1+0.9　　　❻ 7.6-0.4

❼ 6.2-4.9　　　❽ 9-2.8　　　❾ 14.5-5.5

3 7.3cmのテープと4.9cmのテープを合わせると、長さは全部で何cmになりますか。　　　　　　　　　　　　　　　　　　　1つ5〔10点〕

［式〕

答え（　　　　　　　　）

4 3.4L入るやかんと1.8L入る水とうでは、どちらが何L多く入りますか。　　　　　　　　　1つ5〔10点〕

［式〕

答え（　　　　　　　　）

5 ゆりこさんは1.6mのリボンを持っています。0.9m使うとのこりは何mですか。　　　　　　　　　　　　　　　　　1つ5〔10点〕

［式〕

答え（　　　　　　　　）

ふろくの「計算練習ノート」17～19ページをやろう！

□ 小数のしくみはわかったかな？
□ 小数のたし算、ひき算はできたかな？

① **長さのはかり方**
② **キロメートル**

もくひょう・

長さの単位のかんけいや長さの計算について理かいしましょう。

おわったらシールをはろう

きほんのワーク

教科書 169〜173ページ 答え 12ページ

きほん 1 **1mより長い物をはかるには、どうしたらよいですか。**

☆ 次の⑦〜㋓の長さをはかるときは、ものさしとまきじゃくのどちらを使うとよいでしょうか。

⑦ ノートのたての長さ　　　㋑ 黒板の横の長さ

㋒ 木のまわりの長さ　　　　㋓ 学校のろうかのはば

とき方　1mより長い物や、まるい物のまわりの長さをはかるときは、まきじゃくを使うとべんりです。

1mより長い物は ⬚ と ⬚ 、まるい物は ⬚ です。

答え ものさしを使う ⬚　　まきじゃくを使う ⬚ と ⬚ と ⬚

---

1 次の⑦〜㋔の長さをはかるときは、ものさしとまきじゃくのどちらを使うとよいでしょうか。⑦〜㋔の記号で答えましょう。　📖教科書 170ページ🔟 171ページ🔟

⑦ 体育館の横の長さ　　　㋑ 本のあつさ

㋒ えん筆の長さ　　　　　㋓ 頭のまわりの長さ

㋔ 教室のたての長さ

ものさし（　　　　　　　）　　まきじゃく（　　　　　　　）

---

2 次のまきじゃくで、⑦〜㋔の目もりを読みましょう。　📖教科書 170ページ🔟

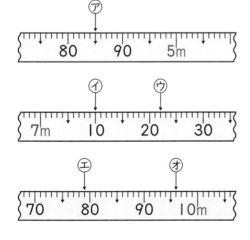

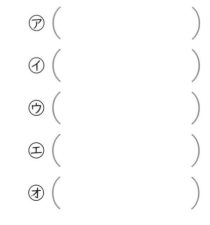

⑦（　　　　　　　）

㋑（　　　　　　　）

㋒（　　　　　　　）

㋓（　　　　　　　）

㋔（　　　　　　　）

　さんすうはかせ　「じょうぎ」は線などをひくための文ぼう具で、「ものさし」は物の長さをはかるための道具のことをいうよ。

☆家から小学校までの道のりは1600mです。これは何km何mですか。

とき方 1000mは1kmだから、

1600mは、

[　]km[　]mです。

答え [　]km[　]m

たいせつ

道にそってはかった長さを「**道のり**」といいます。1000mを1**キロメートル**といい、1kmと書きます。　1km＝1000m

3 □にあてはまる数を書きましょう。

📖教科書 172ページ**1**

① 6000m＝[　]km

② 5200m＝[　]km[　]m

③ 7km800m＝[　]m

④ 3km40m＝[　]m

④では、340mとしたり、3400mとしないように気をつけよう。

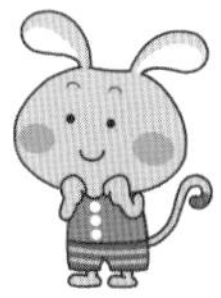

☆家から図書館までの道のりは1km300m、図書館から駅までの道のりは500mです。家から図書館の前を通って、駅まで行くときの道のりは何km何mですか。

とき方 道のりは同じ単位の数どうしで、たし算をします。

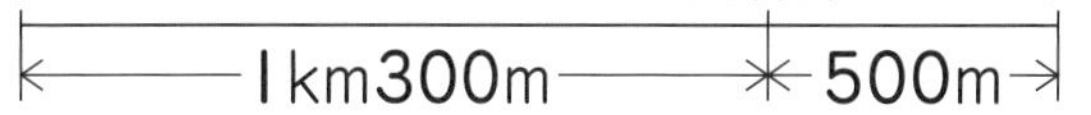

1km300m＋500m＝[　]km[　]m

答え [　]km[　]m

家　　　　　　　図書館　　駅
←──1km300m──→←500m→

4 右の図を見て答えましょう。

📖教科書 172ページ**1**

① たかしさんの家から学校までの道のりは、何km何mですか。また、たかしさんの家から学校までのきょりは、何km何mですか。

道のり（　　　　　　　）

きょり（　　　　　　　）

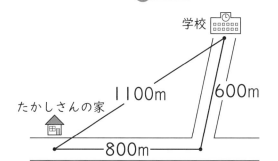

② たかしさんの家から学校までの、きょりと道のりのちがいは何mですか。

（　　　　　　　）

まっすぐにはかった長さを「**きょり**」というよ。

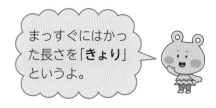

 道にそってはかった長さを「**道のり**」といい、まっすぐにはかった長さを「**きょり**」といいます。道のりときょりのちがいに気をつけましょう。

練習のワーク

勉強した日 ▶　月　日

できた数

／18問中

おわったら
シールを
はろう

教科書 169〜175ページ　答え 13ページ

1 長さの単位　（　）にあてはまる単位を書きましょう。

❶ 1時間に歩く道のり　　3（　　　）　　❷ 算数の教科書のあつさ　6（　　　）

❸ はがきの横の長さ　　10（　　　）　　❹ 木の高さ　　　　　　　9（　　　）

> **長さの単位**
> 1cm＝10mm　1m＝100cm　1km＝1000m

2 長さの単位　□にあてはまる数を書きましょう。

❶ 8000m＝□km　　　　❷ 5000m＝□km

❸ 2500m＝□km□m　　　❹ 6520m＝□km□m

❺ 3840m＝□km□m　　　❻ 7050m＝□km□m

❼ 4km＝□m　　　　　　❽ 7km＝□m

❾ 2km300m＝□m　　　　❿ 5km30m＝□m

⓫ 8km800m＝□m　　　　⓬ 9km6m＝□m

3 道のりときょり　右の図を見て答えましょう。

❶ ふみやさんの家から図書館までのきょりは
何km何mですか。

（　　　　　　　　）

❷ ふみやさんの家から図書館まで行くのに、
学校の前を通るときの道のりと、ゆうびん局
└長さは同じ単位の数どうしで計算します。
の前を通るときの道のりのちがいは何mで
すか。

（　　　　　　　　）

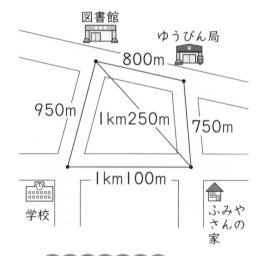

図書館　ゆうびん局
800m
950m　1km250m　750m
1km100m
学校　ふみやさんの家

> **道のりときょり**
> 「道のり」…道にそってはかった長さ
> 「きょり」…まっすぐにはかった長さ

できるナビ　長さを計算するときは、同じ単位の数どうしを計算することに注意しよう。

勉強した日 〉 月 日

まとめのテスト
時間 **20**分

とく点
/100点

おわったら
シールを
はろう

教科書 169〜175ページ 答え 13ページ

1 □にあてはまる数を書きましょう。

1つ6〔48点〕

① 9000m = □ km

② 2800m = □ km □ m

③ 4350m = □ km □ m

④ 6km = □ m

⑤ 5km110m = □ m

⑥ 7km23m = □ m

⑦ 2km3m = □ m

⑧ 5009m = □ km □ m

2 よく出る 次のまきじゃくで、⑦〜⊕の目もりを読みましょう。

1つ7〔28点〕

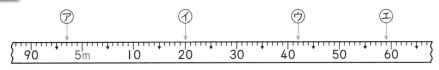

⑦ ( ) ⊘ ( )

⑨ ( ) ⊕ ( )

3 よく出る 右の図を見て答えましょう。

1つ8〔24点〕

① みくさんの家から工場までのきょり
は何km何mですか。

( )

② みくさんの家から学校までの道のり
は何km何mですか。

( )

③ やすとさんの家から公園までの道のりときょりのちがいは何mですか。

( )

□ 長さの計算はできたかな？
□ きょりと道のりのちがいは理かいできたかな？

ふろくの「計算練習ノート」9ページをやろう！

① 分数　② 分数の大きさ
③ 分数と小数

きほんのワーク

もくひょう
分数の意味としくみや分数と小数のかんけいについて学習します。

おわったらシールをはろう

教科書 176〜184ページ　答え 13ページ

きほん 1 分けた大きさの表し方がわかりますか。

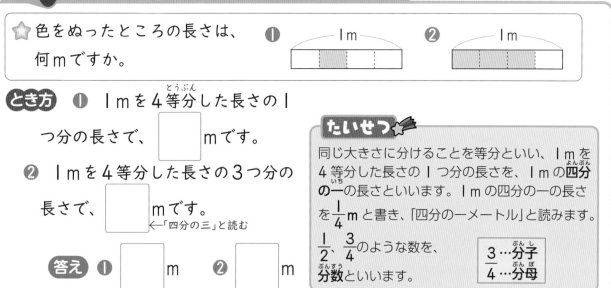

☆ 色をぬったところの長さは、何mですか。

❶ 1m　❷ 1m

とき方 ❶ 1mを4等分した長さの1つ分の長さで、□ mです。

❷ 1mを4等分した長さの3つ分の長さで、□ mです。
←「四分の三」と読む

答え ❶ □ m　❷ □ m

たいせつ
同じ大きさに分けることを等分といい、1mを4等分した長さの1つ分の長さを、1mの四分の一の長さといいます。1mの四分の一の長さを $\frac{1}{4}$ mと書き、「四分の一メートル」と読みます。
$\frac{1}{2}$、$\frac{3}{4}$ のような数を、分数といいます。

$\frac{3 \cdots 分子}{4 \cdots 分母}$

1 色をぬったところの長さは、▨のいくつ分で、何mですか。　📖教科書 177ページ■ 179ページ■

❶ 1m　❷ 1m

（　　、　　）　　（　　、　　）

2 色をぬったところの水のかさは、▨のいくつ分で、何Lですか。　📖教科書 177ページ■ 179ページ■

❶ 1L　❷ 1L

（　　、　　）（　　、　　）

3 次の長さやかさだけ❶は左、❷は下から色をぬりましょう。

📖教科書 177ページ■ 179ページ■

❶ $\frac{5}{9}$ m　1m

❷ $\frac{4}{7}$ L　1L

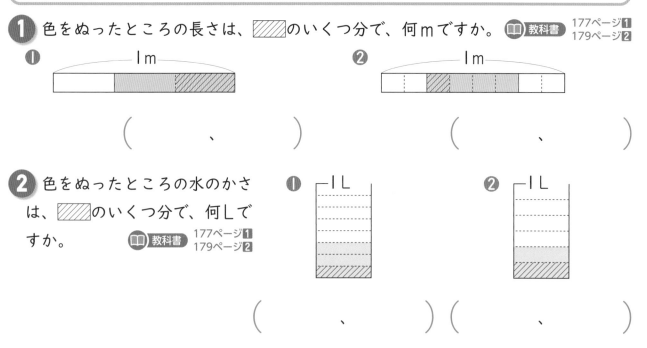

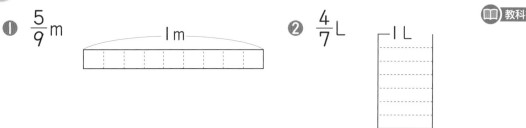

さんすうはかせ 分数は1の大きさを等分するので、1より小さいいろいろな大きさを表すことができるんだよ。

☆ 右の数直線の⑦～⑦の目もり
が表す長さを、分数で書きま
しょう。

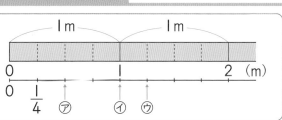

とき方 $\frac{1}{4}$mのいくつ分で表します。 ⑦ $\frac{1}{4}$mの2つ分の長さで □ mです。

⑦ $\frac{1}{4}$mの4つ分の長さで □ mです。これは1mと等しい長さです。

⑦ $\frac{1}{4}$mの5つ分の長さで □ mです。

答え ⑦ □ m ⑦ □ m ⑦ □ m

4 □にあてはまる数を書きましょう。

教科書 182ページ**1** 183ページ**2**

❶ $\frac{1}{5}$の3つ分は □ です。

❷ $\frac{1}{5}$の □ つ分は1です。

❸ $\frac{1}{5}$の8つ分は □ です。

❹ □ の9つ分は $\frac{9}{5}$ です。

☆ 右の数直線の⑦～⑦にあては
まる数を、⑦、⑦は小数で、⑦、
⑦は分数で書きましょう。

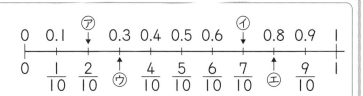

とき方 上の数直線の1目もりは、1を10等分しているので、

小数で表すと □ 、分数で表すと □ です。

たいせつ $\frac{1}{10}$=0.1

答え ⑦ □ ⑦ □ ⑦ □ ⑦ □

5 □にあてはまる数を書きましょう。

教科書 184ページ**1**

・$\frac{1}{10}$は、1を10等分した1つ分の大きさで、小数で表すと □ です。

・分数と小数で表された数の大小をくらべるときは、分数か小数のどちらかにそろ

えてくらべます。たとえば、$\frac{4}{10}$と0.9の大きさをくらべるとき、

$\frac{4}{10}$= □ 、0.9= □ だから、$\frac{4}{10}$と0.9で大きいのは □ です。

ポイント 分母は、1Lや1mなどのもとになる大きさを何等分したかを表し、分子はその何こ分か
を表します。

65

もくひょう

分数のたし算とひき算が、できるようになりましょう。

おわったら
シールを
はろう

④ 分数の計算

きほんのワーク

教科書 185〜187ページ 答え 13ページ

きほん 1 分数のたし算ができますか。

☆ $\frac{2}{10}$L と $\frac{5}{10}$L のジュースを合わせると、何Lになりますか。

合わせると、$\frac{1}{10}$ の (2＋5) こ分だね。

とき方 $\frac{1}{10}$L のいくつ分で考えます。

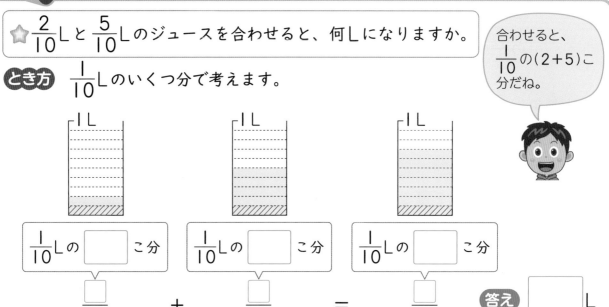

$\frac{1}{10}$L の □ こ分 $\frac{1}{10}$L の □ こ分 $\frac{1}{10}$L の □ こ分

$\frac{□}{10}$ ＋ $\frac{□}{10}$ ＝ $\frac{□}{10}$ 答え □ L

1 計算をしましょう。 📖教科書 185ページ**1**

① $\frac{2}{4}+\frac{1}{4}$ ② $\frac{3}{6}+\frac{2}{6}$ ③ $\frac{1}{5}+\frac{2}{5}$

④ $\frac{5}{9}+\frac{4}{9}$ ⑤ $\frac{1}{2}+\frac{1}{2}$

分母と分子の数が同じ分数は、1と同じ大きさになるよ。

⑥ $\frac{3}{7}+\frac{2}{7}$ ⑦ $\frac{4}{8}+\frac{4}{8}$

2 $\frac{3}{8}$m と $\frac{4}{8}$m のリボンがあります。長さは合わせて何m
になりますか。 📖教科書 185ページ**1**

式

答え (   )

さんすうはかせ 分数で、分子が分母より大きいときは1より大きい数を表していて、仮分数というよ。1より小さい分数は真分数というんだ。

きほん2 分数のひき算ができますか。

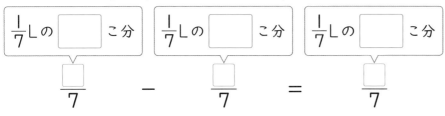

$\dfrac{6}{7}$ L のジュースがあります。$\dfrac{4}{7}$ L 飲むと、何 L のこりますか。

とき方 式は、$\dfrac{6}{7} - \dfrac{4}{7}$ です。ひき算も $\dfrac{1}{7}$ L をもとにして考えます。

$\dfrac{1}{7}$ L の □ こ分　$\dfrac{1}{7}$ L の □ こ分　$\dfrac{1}{7}$ L の □ こ分

$\dfrac{\square}{7}$ − $\dfrac{\square}{7}$ = $\dfrac{\square}{7}$

答え □ L

---

3 計算をしましょう。 教科書 187ページ**2**

① $\dfrac{5}{6} - \dfrac{3}{6}$　　② $\dfrac{3}{5} - \dfrac{2}{5}$　　③ $\dfrac{7}{8} - \dfrac{5}{8}$

④ $1 - \dfrac{1}{3}$　　⑤ $1 - \dfrac{3}{4}$

> ④〜⑦ 1 は分数で表すといくつになるかを考えるんだね。
> 1 は $\dfrac{3}{3}$ や $\dfrac{4}{4}$ などと表せるんだ。

⑥ $1 - \dfrac{3}{7}$　　⑦ $1 - \dfrac{1}{2}$

---

4 $\dfrac{7}{9}$ m のリボンから $\dfrac{5}{9}$ m 切り取りました。のこりは何 m ですか。

式 教科書 187ページ**2**

答え（　　　　　　　　）

5 オレンジジュースが 1 L、りんごジュースが $\dfrac{2}{3}$ L あります。かさのちがいは何 L ですか。 教科書 187ページ**2**

式

答え（　　　　　　　　）

 ポイント 分母が同じ分数のたし算やひき算は、分母はそのままで、分子どうしをたしたり、ひいたりします。

13 分数について考えよう ●分数

練習のワーク

できた数
　　　　　/20問中

おわったら
シールを
はろう

1 分けた大きさの表し方　色をぬったところの長さやかさを、分数で表しましょう。

❶ 　1m

（　　　　）

考え方

❶ 1mを10等分した何こ分かを考えます。
❷❸ 1Lを何等分した何こ分かを考えます。

❷ ┌1L

（　　　　）

❸ ┌1L

（　　　　）

2 分数の大きさの表し方　□にあてはまる数を書きましょう。

❶ $\frac{4}{9}$ は $\frac{1}{9}$ の □ つ分です。

❷ □ m は $\frac{1}{8}$ m の 5つ分です。

❸ $\frac{1}{3}$ の □ つ分は $\frac{2}{3}$ です。

❹ $\frac{1}{8}$ L の □ つ分は 1L です。

分母と分子が同じ数のとき、1になります。

❺ $\frac{1}{6}$ の 6つ分は □ です。

❻ □ の 9つ分は 1 です。

3 分数の大小　□にあてはまる等号か不等号を書きましょう。

❶ $\frac{2}{4}$ □ $\frac{3}{4}$

❷ $\frac{8}{9}$ □ $\frac{7}{9}$

❸ $\frac{7}{7}$ □ 1

考え方

分数の大小は、分母が同じ数のときは、分子の数の大きさで考えます。

❸の1は、$\frac{1}{7}$ が7つ分と考えます。

4 分数のたし算・ひき算　計算をしましょう。

❶ $\frac{2}{5}+\frac{2}{5}$

❷ $\frac{2}{9}+\frac{5}{9}$

❸ $\frac{2}{8}+\frac{6}{8}$

❹ $\frac{3}{10}+\frac{5}{10}$

❺ $\frac{6}{7}-\frac{2}{7}$

❻ $\frac{3}{4}-\frac{2}{4}$

❼ $1-\frac{3}{6}$

❽ $1-\frac{6}{10}$

できるナビ　分けた大きさを、分数で表せるようにしよう。

まとめのテスト

時間 **20**分

とく点

/100点

おわったら
シールを
はろう

1 次の長さやかさを、分数で表しましょう。　　　　　　　　　　　1つ6〔12点〕

❶ 1mを3等分した長さの1つ分の長さ　　　　　（　　　　　　　　）

❷ 1Lを6等分したかさの5つ分のかさ　　　　　（　　　　　　　　）

2 次の数は、$\frac{1}{9}$ をいくつ集めた数ですか。　　　　　　　　　1つ5〔20点〕

❶ $\frac{5}{9}$　　　　❷ $\frac{7}{9}$　　　　❸ $\frac{8}{9}$　　　　❹ 1

（　　　　　）　　（　　　　　）　　（　　　　　）　　（　　　　　）

3 よく出る 下の数直線を見て答えましょう。　　　　　　　　　1つ6〔30点〕

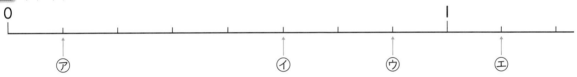

❶ ⑦～⓪の目もりが表す分数を書きましょう。

⑦（　　　　　）　⑦（　　　　　）　⑦（　　　　　）　⓪（　　　　　）

❷ $\frac{3}{8}$ を表す目もりに↑を書きましょう。

4 □にあてはまる等号か不等号を書きましょう。　　　　　　　1つ6〔18点〕

❶ $\frac{6}{10}$ □ $\frac{5}{10}$　　　　❷ 0.3 □ $\frac{1}{10}$　　　　❸ $\frac{10}{10}$ □ 1

5 だいちさんのテープの長さは $\frac{4}{7}$ m、かおりさんのテープの長さは $\frac{2}{7}$ mです。

❶ 2人のテープを合わせた長さは、何mですか。　　　　　　1つ5〔20点〕

式

答え（　　　　　　　　）

❷ 2人のテープの長さのちがいは、何mですか。

式

答え（　　　　　　　　）

チェック □1より小さい数を分数で表すことができたかな？
　　　　　　　　□分数のたし算、ひき算ができたかな？

ふろくの「計算練習ノート」20～21ページをやろう！

① いろいろな三角形
② 三角形のかき方

きほんのワーク

教科書 190〜196ページ　答え 14ページ

もくひょう
三角形の名前をおぼえます。また、三角形をかけるようにします。

おわったらシールをはろう

きほん 1　二等辺三角形や正三角形がわかりますか。

☆右の⑤〜⑥の三角形の中で、二等辺三角形と正三角形はどれですか。

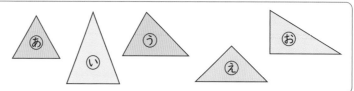

とき方　⑤〜⑥の三角形の辺の長さをコンパスで調べます。

2つの辺の長さが等しい… ☐ 、☐

3つの辺の長さが等しい… ☐

辺の長さが全部ちがう…… ☐ 、☐

たいせつ
2つの辺の長さが等しい三角形を**二等辺三角形**といい、3つの辺の長さが等しい三角形を**正三角形**といいます。

答え　二等辺三角形 ☐ と ☐ 　　正三角形 ☐

---

❶ 下の三角形の中で、二等辺三角形と正三角形はどれですか。　　📖教科書 191ページ1

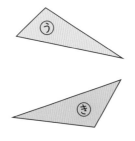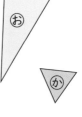

長さの等しい辺を見つけるときにはコンパスを使うとべんりだよ。

二等辺三角形 （　　　　　　　　）

正三角形 　　（　　　　　　　　）

---

❷ 次の三角形は何という三角形ですか。　　📖教科書 191ページ1

❶ 6cmのストロー2本、3cmのストロー1本でできる三角形

（　　　　　　　　　　）

❷ 6cmのストロー3本でできる三角形

（　　　　　　　　　　）

さんすうはかせ　【三角形の中心はどこ？】あつさの同じ三角形の紙板があって、この紙板でくるくる回るコマを作ろうとすると、どこを「じく」にすればよいかな。

（答えは72ページ）

⭐ 辺の長さが2cm、4cm、4cmの二等辺三角形をかきましょう。

とき方 じょうぎとコンパスを使って、次のじゅんじょ でかきます。

① じょうぎを使って、2cmの辺をかく。

② コンパスで4cmの長さをはかりとり、2cmの 辺のかたほうのはしの点を中心にして円をかく。

③ 2cmの辺のもう1つのはしの点を中心にして、 ②と同じように円をかく。

④ ②と③の円が交わった点と、2cmの辺の両(りょう)はし の点をむすぶ。

答え

3 次の三角形をかきましょう。

📖教科書 194ページ**1** 195ページ**2**

① 辺の長さが4cm、 3cm、3cmの二等辺 三角形

② 1つの辺の長さ が3cmの正三角 形

③ 辺の長さが5cm、4cm、 4cmの二等辺三角形

4 右の図の円の半径(はんけい)を使って、二等辺三角形 を1つかきましょう。 📖教科書 196ページ**3**

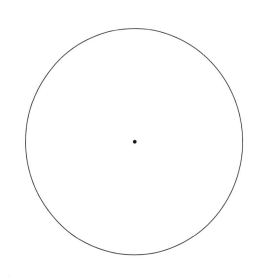

ポイント 二等辺三角形や正三角形を調べるときは、三角形の大きさやおかれているいちにかんけいな く、辺の長さだけに目をつけます。

③ 三角形の角
④ 三角形のしきつめ

きほんのワーク

教科書 197～199ページ 　 答え 15ページ

もくひょう
角の大きさや三角形のとくちょうについて学習します。

おわったらシールをはろう

きほん 1 　角の大きさをくらべることができますか。

☆ 下の三角じょうぎのあの角と○いの角では、どちらが大きいですか。

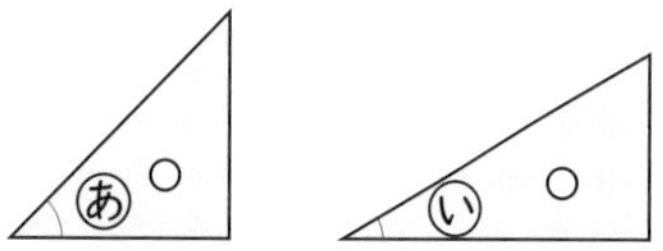

とき方 2つの三角じょうぎを重ねて、角の大きさをくらべます。□ の角は、□ の角より大きいことがわかります。

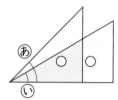

答え □

たいせつ☆

1つの頂点から出ている2つの辺がつくる形を**角**といいます。角をつくっている辺の開き具合を**角の大きさ**といいます。角の大きさは、辺の長さにかんけいなく、辺の開き具合で決まります。

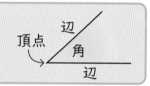

1 右の図のように、三角じょうぎを重ねました。

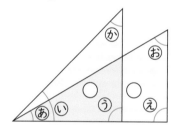

📖教科書 197ページ1

❶ 一番小さい角はあ～かの中のどれですか。

（ 　　　 ）

❷ 直角になっている角はあ～かの中のどれとどれですか。

（ 　　　 ）

❸ ○いの角と大きさの等しい角はあ～かの中のどれですか。

（ 　　　 ）

三角じょうぎの重ね方をいろいろくふうして調べればいいんだね。

❹ 次の角はどちらが大きいですか。大きいほうの記号を〇でかこみましょう。

（ お、か ）（ う、か ）（ う、お ）

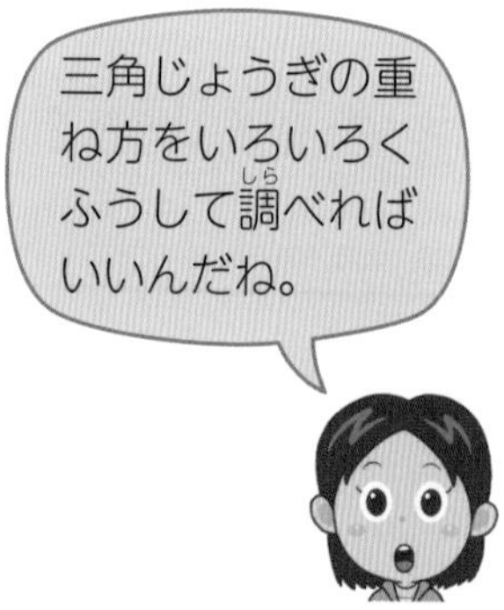

2 下の角の大きさをくらべて、大きいじゅんにあ～おの記号で書きましょう。

📖教科書 197ページ1

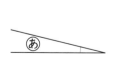

（ 　　　　　　 ）

さんすうはかせ 三角形の頂点から向かい合う辺のまん中の点をむすんだ線が1つに交わった点を「重心」といって、これが三角形の中心で、コマの「じく」になるよ。

⭐ 右の⑦と⑦の三角形の角の大きさについて答えましょう。

❶ ⓘの角と大きさの等しい角はどれですか。

❷ ⓔの角と大きさの等しい角はどれですか。

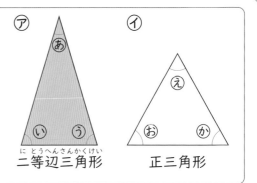

二等辺三角形　　正三角形

とき方　⑦は二等辺三角形なので、ⓘの角と〔　〕の角の2つの角の大きさが等しくなります。

⑦は正三角形なので、ⓔの角と〔　〕の角と〔　〕の角の3つの角の大きさが全部等しくなります。

たいせつ

二等辺三角形の2つの角の大きさは、等しくなっています。
正三角形の3つの角の大きさは、全部等しくなっています。

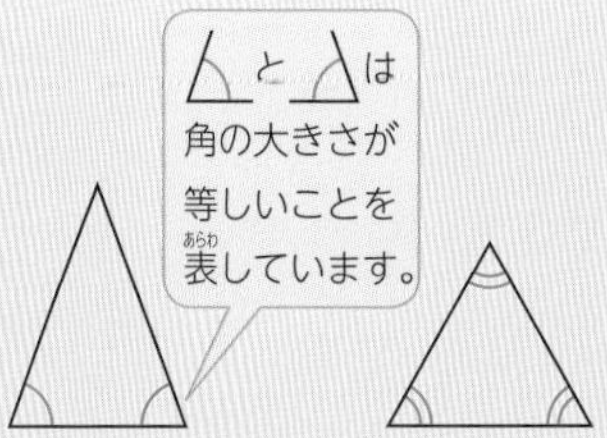

⑦と⑦は角の大きさが等しいことを表しています。

二等辺三角形　　正三角形

答え ❶ 〔　〕　❷ 〔　〕と〔　〕

---

3 2まいの三角じょうぎを使って、下のように三角形をつくりました。それぞれ何という三角形ですか。

📖教科書 198ページ**2**

❶
（　　　　　）

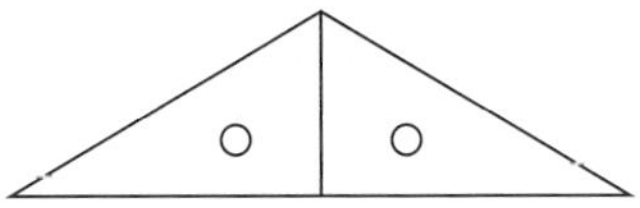

❷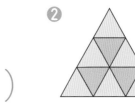
（　　　　　）

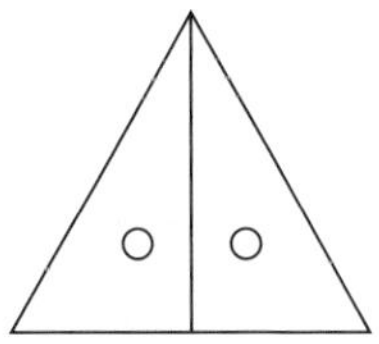

❸
（　　　　　）

⭐ ⑦の正三角形を3まいしきつめて⑦の形をつくるには、どのようにしきつめればよいですか。

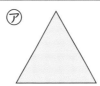 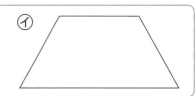

とき方　⑦の正三角形をすきまなくならべてみます。

答え 上の図に記入

---

4 下の❶、❷の図は、それぞれ何という名前の三角形をならべたものですか。

❶ 📖教科書 199ページ**1**

❷

（　　　　　）　　　　　　　　　　　　　　　　　（　　　　　）

ポイント 二等辺三角形は2つの角の大きさが等しく、正三角形は3つの角の大きさが全部等しくなっています。

14 三角形を調べよう　●三角形と角

練習のワーク

できた数

／9問中

教科書　190〜201ページ　答え　15ページ

1 いろいろな三角形　下の三角形を調べ、二等辺三角形には〇を、正三角形には△を、どちらでもないものには×をつけましょう。

（　　　）（　　　）（　　　）（　　　）（　　　）

> **たいせつ**
> **二等辺三角形**…2つの辺の長さが等しい三角形
> **正三角形**…3つの辺の長さが等しい三角形

2 正三角形のかき方　右の図は、半径が2cmの円です。この円を使って、1つの辺の長さが2cmの正三角形を1つかきましょう。

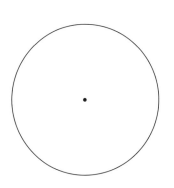

> **考え方**
> 〔れい〕　円のまわりにアの点をかき、コンパスを使って、イの点をさがします。
>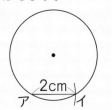
> ア　　イ　2cm

3 角の大きさ　角の大きいじゅんに⑥〜⑫の記号で書きましょう。

 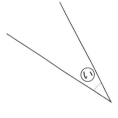 

（　　　　　　　　　　　　　　　　　）

> 三角じょうぎを使って角の大きさをくらべてもいいね。
>

4 二等辺三角形のしきつめ　右の図の⑦の二等辺三角形をしきつめて、⑦の二等辺三角形をつくります。⑦の二等辺三角形は何まいいりますか。
　└向きにも注意しましょう。

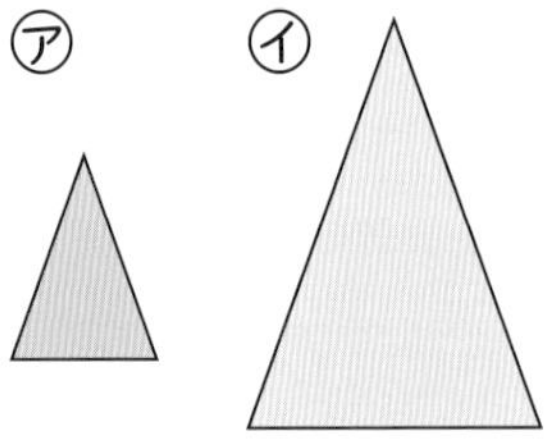

⑦　　⑦
 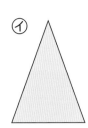

（　　　　　　　　　　　　　　　　　）

できるナビ　二等辺三角形や正三角形のとくちょうが言えるようにきちんとおぼえておこう。

とく点

/100点

教科書 190〜201ページ 答え 16ページ

1 次の三角形をノートにかきましょう。 1つ8〔16点〕

① 辺の長さが10cm、7cm、7cmの三角形

② どの辺の長さも9cmの三角形

2 長方形の紙を2つにおってぴったり重ねてからアイの線で切り取り、三角形をつくります。あ〜うのように切って、開いたときにできる三角形の名前を書きましょう。

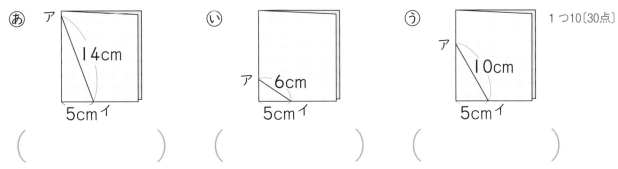

あ ア 14cm 5cm イ

い ア 6cm 5cm イ

う ア 10cm 5cm イ

1つ10〔30点〕

( ) ( ) ( )

3 三角じょうぎを使って、下のあ〜う、か〜くの角の大きさを調べ、☐にあてはまる数を書きましょう。 1つ10〔30点〕

① うの角の大きさは、いの角の ☐ つ分。

② うの角の大きさは、くの角の ☐ つ分。

③ かの角の大きさは、きの角の ☐ つ分。

4 右の図のように、半径2cmの円を3つかきました。 1つ8〔24点〕

① それぞれの円の中心ア、イ、ウを直線でむすんでできる三角形の名前を書きましょう。

( )

② 右の図の三角形のあ、いの長さは何cmですか。

あ ( )

い ( )

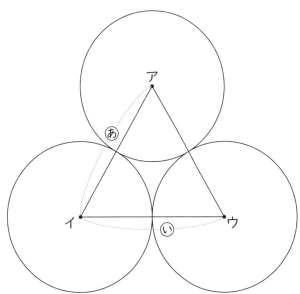

75

● 算数たまてばこ　考えてみよう

学びのワーク　どんな計算するのかな

おわったら
シールを
はろう

教科書　203ページ　　答え　16ページ

きほん 1　どんな計算になるかわかりますか。

☆ お楽しみ会の用意のためにつくった右のメモを見て、答えましょう。

① 麦茶とみかんを買って1000円出したら、おつりは65円でした。みかんの代金は何円でしたか。

② 飲み物は、全部で何L用意しましたか。

③ ドーナツは1こ100円です。ドーナツの代金は何円ですか。

④ ドーナツは、1つの箱に4こ入ります。何箱あれば全部のドーナツが入りますか。

⑤ みかん1このねだんは何円ですか。

> お楽しみ会の用意メモ
> ・ドーナツ 18こ
> ・みかん 　10こ
> ・麦茶　　1.5L 185円
> ・ジュース 1.2L 240円
> ❀ 🐻 ❀

とき方 ① （麦茶の代金）＋（みかんの代金）＋（おつり）＝1000円なので、

みかんの代金は、□ 算でもとめます。

1000 □ 185 □ 65＝□

② 合わせたかさは、□ 算でもとめます。

1.5 □ 1.2＝□

③ ドーナツ全部の代金は、□ 算でもとめます。

100 □ 18＝18 □ 100＝□

> わかっている数
> ともとめたい数
> が何かをよく考
> えて、式をつく
> ればいいんだね。

④ 箱の数は、わり算でもとめます。18÷4＝□ あまり □

あまったドーナツを入れる箱もいるので、箱の数は、□ ＋1＝□

⑤ みかん1このねだんは、わり算でもとめます。みかん10この代金は

□ 円だから、みかん1このねだんは、□ ÷ □ ＝□

答え ① □ 円　② □ L　③ □ 円

④ □ 箱　⑤ □ 円

さんすうはかせ 日本では、かけ算の九九を「1×1から9×9まで」おぼえるけど、海外では、「12×12まで」や「20×20まで」を学習する国があるんだよ。

❶ あやさんは家からゆうびん局の前を通ってスーパーまで歩いて買い物に行きました。あやさんの家からゆうびん局までの道のりは $\frac{2}{7}$km、ゆうびん局からスーパーまでの道のりは $\frac{1}{7}$km です。あやさんがスーパーを出てから家に帰るまでに歩いた道のりは全部で何kmですか。

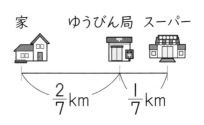

家　　ゆうびん局　スーパー

$\frac{2}{7}$km　$\frac{1}{7}$km

📖教科書 203ページ

式

合わせた道のりをもとめるから、たし算で計算すればいいね。

答え （　　　　　　　　）

❷ ケーキが5こ入っている箱が7箱あります。

❶ ケーキは全部で何こありますか。　📖教科書 203ページ

式

答え （　　　　　　　　）

❷ ケーキは1こ135円です。また、箱代が30円ひつようです。1箱の代金は何円ですか。

式

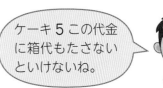

ケーキ5この代金に箱代もたさないといけないね。

答え （　　　　　　　　）

❸ このケーキを6こ入りの箱に入れなおします。6こ入りの箱は何箱できて、ケーキは何こあまりますか。

式

答え （　　　　　　　　）

📍ポイント 問題に合った計算のしかたをえらべるようにしていきましょう。

① グラム　② はかり
③ トン　④ 単位のしくみ

きほんのワーク

もくひょう
はかりを読み、重さの単位を理かいしましょう。

おわったらシールをはろう

教科書 204〜214ページ　答え 16ページ

きほん 1　はかりのしくみがわかりますか。

⭐ 2つの物をそれぞれはかりにのせて重さをはかったら、❶、❷のようになりました。はりがさしている目もりを読みましょう。

とき方　❶ 一番小さい目もりが10gで、1kgまではかれます。500gのところから目もりを読んでいくと ⬚ gです。

❷ 一番小さい目もりが ⬚ gで、⬚ kgまではかれます。1kgのところから目もりを読んでいくと ⬚ kg ⬚ gです。

たいせつ
重さは、もとにした重さのいくつ分で表します。
重さは**グラム（g）**を単位にして表しますが、重い物は**キログラム（kg）**を単位にして表します。
1kg＝1000g

$①$ g $②$

答え ❶ ⬚ g　❷ ⬚ kg ⬚ g

---

1 ノートと筆箱の重さを1この重さが同じつみ木ではかりました。下の図を見て、□にあてはまる言葉や数を書きましょう。

📖 教科書 205ページ 1

① ノートは、つみ木 ⬚ こ分の重さです。

② 筆箱は、つみ木 ⬚ こ分の重さです。

③ ノートと筆箱は、⬚ のほうがつみ木 ⬚ こ分だけ重くなります。

---

2 はりがさしている目もりを読みましょう。

📖 教科書 208ページ 1　210ページ 3

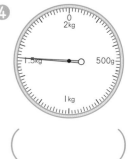

❶ （　　　　）　❷ （　　　　）　❸ （　　　　）　❹ （　　　　）

さんすうはかせ　7000年ほど前のエジプトでは「てんびんはかり」が使われていて、日本でも400年ぐらい前はお金の交かんにてんびんはかりが使われていたんだよ。

きほん2 重さのはかり方のくふうができますか。

☆ 重さが200gの入れ物に、りんごを入れて全体の重さをはかったら、1kg500gありました。りんごの重さは何kg何gですか。

とき方 りんごの重さは、全体の重さから、入れ物の重さをひいてもとめます。

□ kg □ g － □ g ＝ □ kg □ g

答え □ kg □ g

ちゅうい
重さも、たし算をしたり、ひき算をしたりすることができます。同じ単位どうしで計算します。

③ 重さが600gのかごに、くりを2kg300g入れました。全体の重さは何kg何gですか。

📖 教科書 212ページ5

式

答え（　　　　　　　）

きほん3 単位のしくみがわかりますか。

☆ □にあてはまる数を書きましょう。
① 1km＝□m　② 1kg＝□g　③ 1000kg＝□t　④ 1L＝□mL

とき方 1000こ集まると大きな単位になります。

長さ 1mm → 1cm → 1m → □m＝1km
（10倍）（100倍）（1000倍）
（1000倍）

重さ 1g → □g＝1kg → □kg＝1t
（1000倍）（1000倍）

かさ 1mL → 1dL → 1L
（100倍）（10倍）
（1000倍）

たいせつ
重いものをはかるときの単位に、トン「t」があります。
1t＝1000kg

答え ① □ m　② □ g
③ □ t　④ □ mL

④ 重さが2000kgのぞうがいます。何tですか。

📖 教科書 213ページ1

（　　　　　　　）

⑤ □にあてはまる数を書きましょう。

📖 教科書 214ページ1

① 1m＝□mm　② 1000mL＝□L
③ 1000g＝□kg　④ 1000m＝□km

ポイント いままで勉強した単位には、次のようなものがあります。
長さ →mm、cm、m、km　重さ →g、kg、t　かさ →mL、dL、L

勉強した日 月 日

練習のワーク①

教科書 204～216ページ　答え 16ページ

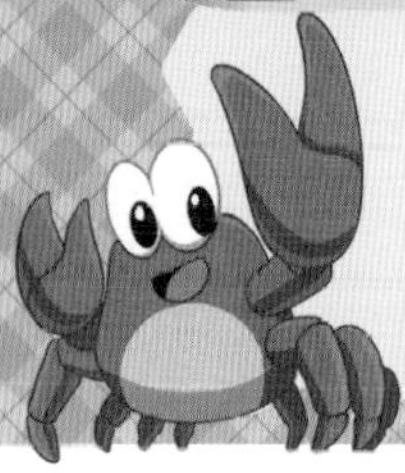

できた数 /7問中

おわったら シールを はろう

1 重さ　てんびんのかたほうに１この重さが同じつみ木をのせて、重さを調べました。右の表を見て、問題に答えましょう。
└それぞれ、つみ木いくつ分の重さになっているかを調べます。

重さ調べ

はかった物	つみ木
はさみ	7こ
セロハンテープ	2こ
筆箱	12こ
じしゃく	7こ
国語の教科書	9こ

❶ 一番重い物は何ですか。

(　　　　)

❷ 一番軽い物は何ですか。

(　　　　)

❸ 同じ重さの物は、何と何ですか。
└つみ木の数が同じ物は、重さも同じになります。

(　　　　)

❹ つみ木１こが１円玉30ことつり合いました。セロハンテープの重さは、何gですか。１円玉１この重さは１gです。

(　　　　)

１円玉１こ分の重さは１gだから、つみ木１この重さは30gになるね。

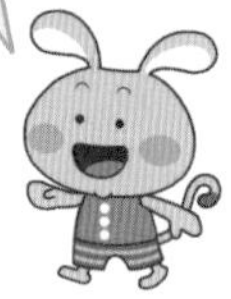

2 はかり　入れ物の重さをはかったら、右の図のようになりました。この入れ物にさとうを入れてはかると１kg100gになりました。何gのさとうを入れましたか。
└(さとうの重さ)＝(全体の重さ)－(入れ物の重さ)

式

答え(　　　　)

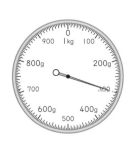

はかりの使い方

1 平らなところにおく。
2 はりが０を正しくさしているか、たしかめる。
3 はかる物をしずかにのせ、目もりは正面から読む。

3 重さの単位　(　)にあてはまる単位を書きましょう。

❶ たけしさんの体重　28(　　)

❷ トラックの重さ　3(　　)

重さの単位

1000g＝1kg　1000kg＝1t

小さな重さの単位

1g＝1000mg

できるナビ　いろいろな物の重さをはかったり、はかりの目もりを正しく読めるようにしよう。

勉強した日 ▶ 月 日

できた数

／11問中

おわったら
シールを
はろう

教科書 204〜216ページ 答え 17ページ

1 重さ てんびんのかたほうにみかんを1このせ、もうかたほうに、50gのおもり1ことと20gのおもり2ことと2gのおもり3こをのせると、つりあいました。みかん1この重さは何gですか。

式

答え （　　　　　　　　　　）

2 はかり 次のはかりの一番小さい目もりは何gを表していますか。また、はりがさしている目もりを読みましょう。

❶ 　❷ 　❸

一番小さい
目もり （　　　　　）

一番小さい
目もり （　　　　　）

一番小さい
目もり （　　　　　）

はりがさす
目もり （　　　　　）

はりがさす
目もり （　　　　　）

はりがさす
目もり （　　　　　）

3 重さの単位 □にあてはまる等号か不等号を書きましょう。

❶ 1kg350g □ 1305g　　❷ 2100kg □ 2t

❸ 3t100kg □ 3100kg

4 合わせた重さ 重さが200gの箱に、バナナを全部で2800g入れました。全体の重さは何kgになりますか。

式

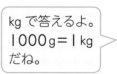
kgで答えるよ。
1000g=1kg
だね。

答え （　　　　　　　　　　）

できるナビ 同じ重さの単位どうしをたしたりひいたりできるようになろう。

15 重さを調べよう ●重さの単位

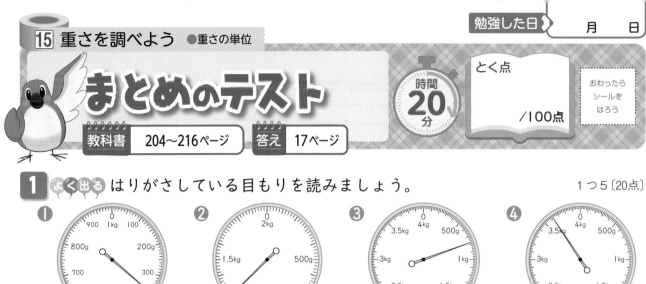

まとめのテスト

教科書 204〜216ページ　答え 17ページ

時間 20分

とく点 /100点

おわったら シールを はろう

1 よく出る はりがさしている目もりを読みましょう。　1つ5〔20点〕

① ② ③ ④

(　　　)　(　　　)　(　　　)　(　　　)

2 2800g、3kg、3800g、3kg80gを、重いじゅんに書きましょう。　〔12点〕

(　　　　　　　　　　　　　　　　)

3 □ にあてはまる数を書きましょう。　1つ5〔40点〕

① 5kg = □ g

② 1kg800g = □ g

③ 7000g = □ kg

④ 2180g = □ kg □ g

⑤ 8020g = □ kg □ g

⑥ 4kg60g = □ g

⑦ 1kg5g = □ g

⑧ 5t = □ kg

4 重さが400gの入れ物に、みかんを2kg700g入れました。全体の重さは何kg何gになりますか。　1つ7〔14点〕

式

答え(　　　　　　　　　)

5 かばんに本を入れて重さをはかったら、1kgありました。本の重さは350gです。かばんの重さは何gですか。　1つ7〔14点〕

式

答え(　　　　　　　　　)

ふろくの「計算練習ノート」22ページをやろう！

  チェック✔

□はかりの目もりを正しく読むことはできたかな？
□kgで表された重さをgの単位で表すことはできたかな？

学びのワーク　単位へんかんきをつくろう

おわったら
シールを
はろう

教科書　218〜219ページ　　答え　17ページ

きほん ❶　単位をへんかんする手じゅんがわかりますか。

☆ 単位をへんかんする手じゅんを、次の❶〜❸のようにまとめました。れいは、3cmを30mmにへんかんしたものです。

> **れい**
>
> ❶　cmの単位をmmにする　〔へんかん前と後の単位を決めます。〕
>
> ❷　へんかん前の数は3　〔へんかん前の数をかくにんします。〕
>
> ❸　へんかん後を、へんかん前の数＊10mm にする
>
> 〔＊はかけ算を表す記号です。3cmの数字部分を10倍してから、単位をcm→mmにします。〕
>
> この手じゅんをじっこうすると、次のようになります。
>
> 　へんかん前は3cm　　へんかん後は30mm　〔3cmが30mmにへんかんされます。〕

同じように、2kmをmの単位にへんかんする手じゅんを、下のようにまとめました。☐にあてはまる単位や数を答えましょう。

❶　☐の単位を☐にする

❷　へんかん前の数は☐

❸　へんかん後を、へんかん前の数＊☐m にする

〔へんかんする単位をたしかめてから、数を何倍するかを見るんだね。〕

この手じゅんをじっこうすると、次のようになります。

　へんかん前は☐km　へんかん後は☐m

とき方　1km＝1000mなので、2km＝(2×1000)mで表されることから考えましょう。

答え　上の問題に記入

 ポイント　❶〜❸の手じゅんに入力する単位と数をかえれば、重さ、長さ、かさなどのさまざまな単位のへんかんをじっこうすることができます。

① たし算とひき算
② かけ算とわり算

きほんのワーク

もくひょう
わからない数を□として式に表し、計算できるようにします。

おわったら
シールを
はろう

教科書　221〜227ページ　答え　17ページ

きほん 1 　わからない数を□として、たし算の式に表せますか。

⭐ 植木ばちが 25 はちならんでいます。何はちかふえたので、植木ばちは全部で 32 はちになりました。ふえた植木ばちの数を□はちとして、式に表しましょう。また、□にあてはまる数をもとめましょう。

とき方 言葉の式や図に表して考えます。

はじめの数 ＋ ふえた数 ＝ 全部の数

式は、□ ＋ □ ＝ □ になります。

右の図より、□はひき算でもとめます。

32 − 25 ＝ □　　答え □ （はち）

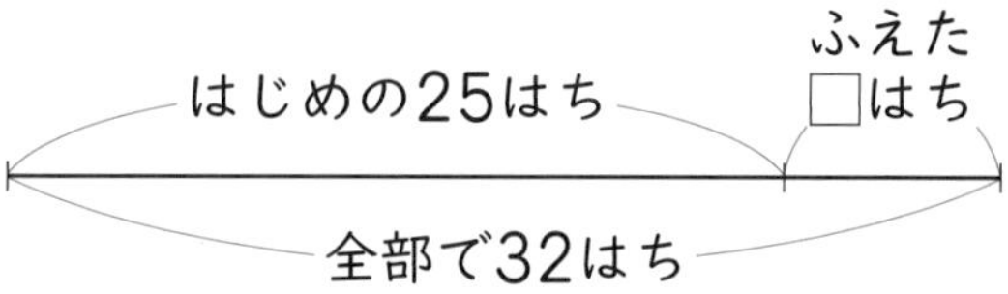

はじめの 25 はち　　ふえた □はち
全部で 32 はち

1 バスに 14 人乗っていました。バスていで何人か乗ったので、全部で 21 人になりました。

教科書 221ページ **1**

❶ バスていで乗った人数を□人として、式に表しましょう。

（　　　　　　　　　　）

❷ □にあてはまる数をもとめましょう。

式　　　　　　　　　　　答え（　　　　）

きほん 2 　わからない数を□として、ひき算の式に表せますか。

⭐ なつこさんは、おはじきを何こか持っています。友だちに 19 こあげたら、のこりは 46 こになりました。はじめに持っていた数を□ことして、式に表しましょう。また、□にあてはまる数をもとめましょう。

とき方 言葉の式や図に表して考えます。

はじめの数 − あげた数 ＝ のこりの数

式は、□ − □ ＝ □ になります。

右の図より、□はたし算でもとめます。

46 ＋ 19 ＝ □　　答え □ （こ）

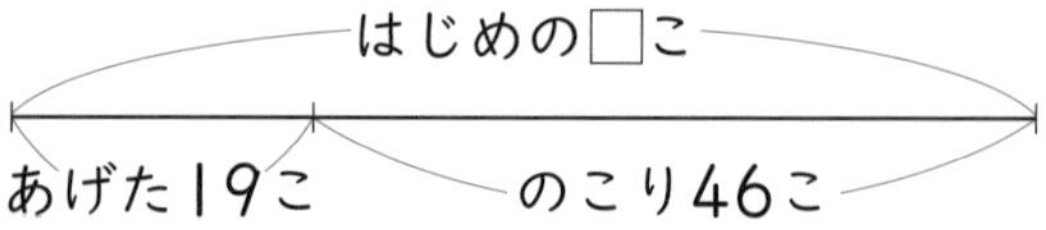

はじめの □こ
あげた 19 こ　　のこり 46 こ

さんすうはかせ □を使った式で、□にあてはまる数をもとめることを「逆算」というよ。意味を考えながら、□のもとめ方を考えていけば、まちがえないよ。

2 ひろしさんは、竹ひごを何本か持っています。24本使ったので、のこりは18本になりました。はじめに持っていた竹ひごの数を□本として、式に表しましょう。また、□にあてはまる数をもとめましょう。

教科書 223ページ2

式 ( ) 答え ( )

きほん3 わからない数を□として、かけ算の式で表せますか。

☆ 9人の子どもに同じ数ずつあめを配ったら、全部で72こいりました。1人分の数を□ことして、式に表しましょう。また、□にあてはまる数をもとめましょう。

とき方 言葉の式や図に表して考えます。

| 1人分の数 | × | 何人分 | = | 全部の数 |

式は、 □ × [ ] = [ ]

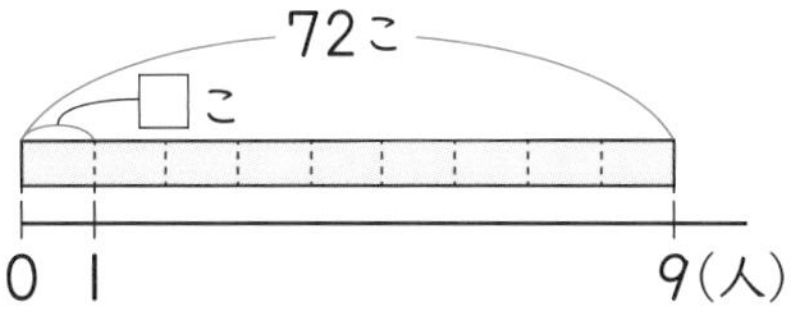

右の図より、□はわり算でもとめます。72÷9=[ ]

答え [ ] (こ)

72こ

□こ

0 1   9(人)

3 同じねだんのあめを2こ買ったら、代金は28円でした。あめ1このねだんを□円として、式に表しましょう。また、□にあてはまる数をもとめましょう。

教科書 225ページ1

式 ( ) 答え ( )

きほん4 わからない数を□として、わり算の式で表せますか。

☆ 何人かが2人ずつ長いすにすわると、長いすは5台いりました。全部の人数を□人として、式に表しましょう。また、□にあてはまる数をもとめましょう。

とき方 言葉の式や図に表して考えます。

| 全部の人数 | ÷ | 1台にすわる人数 | = | 長いすの数 |

式は、 □ ÷ [ ] = [ ]

右の図より、□はかけ算でもとめます。

2×5=[ ] 答え [ ] (人)

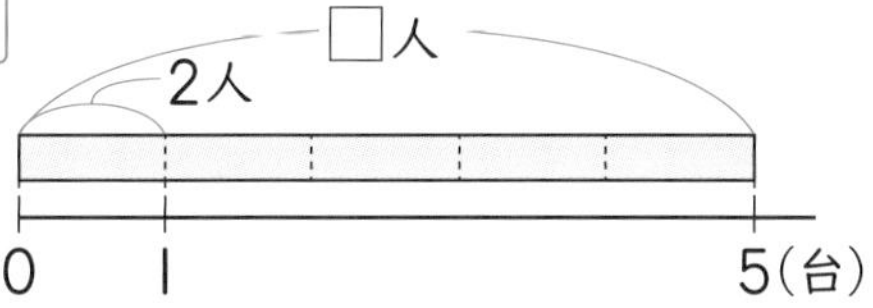

□人

2人

0 1   5(台)

4 何まいかあったおり紙を4まいずつ配ったら、ちょうど8人に配れました。はじめにあったおり紙のまい数を□まいとして、式に表しましょう。また、□にあてはまる数をもとめましょう。

教科書 226ページ2

式 ( ) 答え ( )

ポイント わからない数があるときは、その数を□として式に表します。言葉の式や図に表すと、考えやすくなります。

練習のワーク

教科書 221〜229ページ 答え 18ページ

できた数

／14問中

おわったら
シールを
はろう

1 □を使った式　わからない数を□として式に表しましょう。また、□にあてはまる数をもとめましょう。

❶ けんさんは、きのうまでに、箱を58箱作りました。今日も何箱か作ったので、全部で73箱になりました。

式 (　　　　　　　　　)　答え (　　　　　　　　)

❷ お金を何円か持って買い物に行きました。300円の本を買ったら、のこりは500円になりました。

式 (　　　　　　　　　)　答え (　　　　　　　　)

❸ 1このねだんが同じねじを7こ買うと、代金は63円でした。

式 (　　　　　　　　　)　答え (　　　　　　　　)

❹ テープが何mかあります。4人で同じ長さずつ分けると1人分の長さは2mでした。

式 (　　　　　　　　　)

答え (　　　　　　　　)

考え方

図に表して考えます。

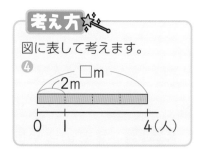
❹

□m
2m

0 1   4(人)

2 □の計算　□にあてはまる数をもとめましょう。

❶ 25+□=81

❷ □−32=59

❸ □+35=67

❹ 8×□=32

❺ □×4=24

❻ □÷4=5

考え方

❶ 81−25
❷ 59+32
❸ 67−35
❹ 32÷8
❺ 24÷4
❻ 5×4

できるナビ　□を使って式に表してから、□にあてはまる数をもとめるようにしよう。

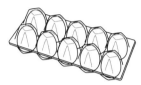

とく点

/100点

おわったら
シールを
はろう

1 わからない数を□として式に表しましょう。また、□にあてはまる数をもとめましょう。

1つ10〔100点〕

❶ れいぞう庫に、たまごが何こか入っています。今日、お母さんが10こ買ってきたので、たまごは全部で23こになりました。

式 (　　　　　　　　　　　)

答え (　　　　　　　　　　　)

❷ 画用紙が400まいありました。図工の時間に何まいか使ったので、のこりが314まいになりました。

式 (　　　　　　　　) 答え (　　　　　　　　)

❸ 水がびんに150mL入っています。何mLかたすと、700mLになりました。

式 (　　　　　　　　) 答え (　　　　　　　　)

❹ 同じ重さのどんぐりが6こあります。このどんぐり全部の重さは54gでした。

式 (　　　　　　　　　　　)

答え (　　　　　　　　)

❺ 何本かあったえん筆を4人で同じ数ずつ分けたら、1人7本になりました。

式 (　　　　　　　　) 答え (　　　　　　)

チェック ☑ □わからない数を□として式に表すことはできたかな？
□□にあてはまる数をもとめる計算はわかったかな？

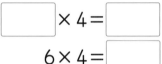

① 何十をかける計算
② 2けたの数をかける計算 [その1]

きほんのワーク

教科書 229〜235ページ 答え 18ページ

きほん 1 暗算で計算できますか。

☆ 26×4を暗算で計算しましょう。

計算しやすい何十の数と一の位の数に分けて考えていくよ。

【とき方】 26×4は、26を位ごとに20と □ に

分けて計算すると、暗算で計算しやすくなります。

$$\left.\begin{array}{r} \boxed{} \times 4 = \boxed{} \\ 6 \times 4 = \boxed{} \end{array}\right\} 合わせて \boxed{}$$

答え □

1 次のかけ算を暗算で計算しましょう。

教科書 229ページ 1

① 32×4　　② 17×3　　③ 19×6

④ 63×4　　⑤ 27×6　　⑥ 32×5

きほん 2 何十をかけるかけ算の答えは、どのようにしてもとめますか。

☆ 計算をしましょう。　① 6×30　② 13×20

①は30×6と計算することもできるね。

【とき方】 ① $6 \times 3 = \boxed{}$

↓10倍　↓10倍

$6 \times 30 = \boxed{}$

6×30の答えは、6×3の答えの10倍だから、18の右に0を1こつけた数になります。

② $13 \times 2 = \boxed{}$

↓10倍　↓10倍

$13 \times 20 = \boxed{}$

13×20も同じように、13×2の答えの10倍と考えます。

答え ① □　② □

2 計算をしましょう。

教科書 231ページ 1

① 8×90　　② 36×20　　③ 50×40

④ 30×30　　⑤ 800×40　　⑥ 210×40

③ 50×40は5×4の10×10=100(倍)と考えるよ。

さんすうはかせ　筆算は、今から750年ぐらい前にイタリアの商人フィボナッチが『計算書』を出したのが始まりだよ。250年ぐらい前までは計算のはやさをきそっていたそうだよ。

☆ 筆算で計算しましょう。　❶ 13×32　❷ 45×39

とき方　これまでのかけ算の筆算と同じように、一の位から計算します。

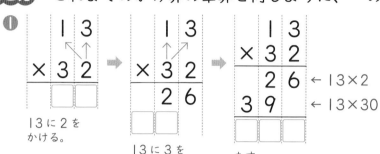

❶ 13に2をかける。 → 13に3をかける。 → たす。

		1	3
	×	3	2
		2	6	←13×2
	3	9		←13×30

13×32の計算について

<考え方>
32を30と2に分けて考えます。

13×32 ⎰ 13×30＝390
　　　 ⎱ 13× 2 ＝26
　　　　→ 390＋26＝416

```
        1 3
      × 3 2
13× 2…… 2 6
13×30…3 9 0
        4 1 6
```

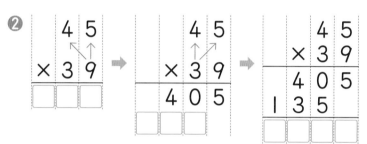

❷

		4	5
	×	3	9
	4	0	5
1	3	5	

答え ❶ ⬜　❷ ⬜

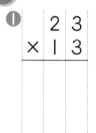 **3** 計算をしましょう。

教科書 233ページ🔳
235ページ🔳

❶
```
   2 3
 × 1 3
```

❷
```
   2 4
 × 3 4
```

❸
```
   8 2
 × 5 9
```

❹
```
   1 5
 × 6 3
```

❺
```
   1 4
 × 3 9
```

❻
```
   3 8
 × 1 2
```

4 色紙を1人に28まいずつ配ります。35人に配るには、色紙は全部で何まいいりますか。

教科書 235ページ🔳

式

答え（　　　　　　　　）

 かける数が2けたのかけ算の筆算は、これまでのかけ算の筆算と同じように、一の位から じゅんに計算します。筆算のしくみをよく理かいすることが大切です。

② 2けたの数をかける計算 [その2]
③ 計算のきまり　④ 計算のくふう

もくひょう
かけられる数が3けた
の筆算ができるように
なりましょう。

おわったら
シールを
はろう

きほんのワーク

教科書 236〜239ページ　答え 19ページ

きほん 1　（3けた）×（2けた）の筆算ができますか。

⭐ 213×32 を筆算で計算しましょう。

とき方 位をそろえて書いて、一の位から計算します。

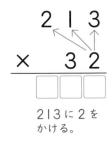

213に2を
かける。

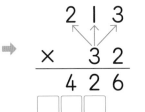

213に3を
かける。

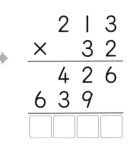

たす。

（2けた）×（2けた）
の計算と同じように
考えよう。

答え

1 計算をしましょう。

📖教科書 236ページ**3**

❶
```
    1 3 3
  ×   2 3
```

❷
```
    3 4 3
  ×   1 2
```

❸
```
    6 0 5
  ×   8 4
```

きほん 2　計算のきまりが理かいできますか。

⭐ 2×40の答えは、2×4の答えの何倍になりますか。

とき方 2×4＝8、2×40＝ □ なので、

□ 倍になります。

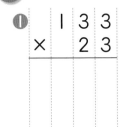

たいせつ
かけ算では、かける数やかけ
られる数を10倍すると、答
えも10倍になります。

答え □ 倍

2 4×3＝12をもとにして、計算しましょう。

📖教科書 237ページ**1**

❶ 40×3　　　❷ 40×30　　　❸ 4×300

 今の筆算の形になるまでには、「倍加法→鎧戸法→電光法→改良電光法」などのように、でき
るだけかんたんに表せるようにくふうされてきたんだよ。

☆ 次の計算をしましょう。　❶ 249×30　　❷ 50×87

とき方 ❶ かける数の一の
位が0のときは、0を
かける計算をはぶいて、
かんたんにすることがで
きます。

```
    2 4 9
  ×   3 0
    0 0 0  ← 249×0
□ □ □ 0    ← 249×30
□ □ □ □    ← 0+7470
```

⇨

```
    2 4 9
  ×   3 0
  □ □ □ 0
      ↑   ↑
      はじめに
      0を書く。
      次に249×3
```

❷ かけられる数とか
ける数を入れかえて
計算するとかんたん
になります。

●×■＝■×●

```
    5 0
  ×  8 7
  □ □ □    ← 50×7
  □ □ 0    ← 50×80
  □ □ □ □
```

⇨

```
    8 7
  ×  5 0
  □ □ □ □
```

答え
❶ □
❷ □

3 くふうして計算しましょう。

教科書 238ページ**1 2**
239ページ**3**

❶ 63×50

❷ 937×40

❸ 309×80

❹ 2×93

❺ 60×45

❻ 700×62

❼ 25×37×4

❽ 95×5×2

❼❽は計算する
じゅんじょをくふ
うするといいね。

4 1箱に508このクリップが入っている箱が30箱あります。
クリップは全部で何こありますか。

教科書 238ページ**1**

式

答え (　　　　　　　　)

ポイント (3けた)×(2けた)の筆算も、一の位からじゅんに計算します。計算のくふうをすると、
計算がしやすくなることがあります。

練習のワーク

1 何十をかける計算 計算をしましょう。

❶ 3×60
3×60は、3×6の10倍だから、3×6の答えの右に、0を1こつけます。

❷ 50×30
50×30は、5×3の10×10＝100（倍）だから、5×3の答えの右に、0を2こつけます。

❸ 5×70

❹ 48×20

❺ 62×90

❻ 40×80

10倍するときは答えの右に0を1こ、100倍するときは0を2こつけるんだね。

2 2けたの数をかける計算 計算をしましょう。

❶
```
   2 4
 × 3 2
```

❷
```
   9 3
 × 4 7
```

❸
```
   8 2
 × 6 5
```

❹
```
   2 9
 × 3 0
```

❺
```
   3 2 9
 ×   7 3
```

❻
```
   4 1 9
 ×   2 8
```

❼
```
   7 0 6
 ×   8 4
```

❽
```
   3 0 4
 ×   5 0
```

3 計算のくふう 次の計算のかんたんなしかたを考えて、筆算で計算しましょう。

❶ 9×28

❷ 70×54

❸ 632×80

考え方
❶❷ かけられる数とかける数を入れかえて計算します。

❷❸ かける数の一の位が0のときは、0をかける計算をはぶくことができます。

4 計算のくふう くふうして計算しましょう。

❶ 18×4×5

❷ 27×12×5

❸ 25×9×4

❹ 20×16×5

考え方
(■×●)×▲＝■×(●×▲)
■×●＝●×■
を使って考えます。
❶ 18×(4×5)
❷ 27×(12×5)
❸ (25×4)×9
❹ (20×5)×16

できるナビ けた数の多いかけ算でも、筆算が正しくできるようにしよう。

まとめのテスト

教科書 229〜241ページ 　答え 19ページ

 時間 **20**分

とく点

/100点

 おわったらシールをはろう

1 よく出る 計算をしましょう。 1つ5〔30点〕

① 92×60

② 23×43

③ 35×16

④ 539×37

⑤ 703×54

⑥ 608×90

2 リボンでかざりを作ります。1このかざりを作るのに、リボンを53cm使います。かざりを27こ作るには、リボンは何m何cmいりますか。 1つ8〔16点〕

式

答え （ 　　　　　　　　　 ）

3 23×7＝161をもとにして、計算しましょう。 1つ8〔24点〕

① 230×7

② 23×70

③ 230×70

 4 □にあてはまる数を書きましょう。 1つ10〔30点〕

①
```
    □ 3
  × □ 2
  1 2 6
1 8 9
2 0 1 6
```

②
```
      4 7
  ×  □ □
  1 8 8
 □ 4 1
□ 5 9 8
```

③
```
      □ □
  ×  6 9
  2 2 5
□ □ □
□ □ □ 5
```

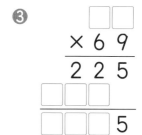  □（2・3けた）×（2けた）の筆算はできたかな？
□かけ算のきまりは理かいできたかな？

ふろくの「計算練習ノート」24〜27ページをやろう！

18 倍の計算について考えよう ●倍とかけ算、わり算

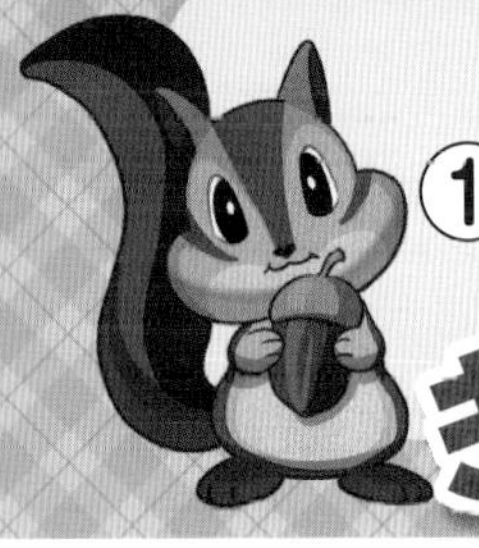

① 倍とかけ算、わり算

きほんのワーク

教科書 242〜244ページ　答え 20ページ

きほん 1 　何倍かした大きさをもとめる計算ができますか。

⭐ まりなさんと妹は、リボンを持っています。妹のリボンの長さは160cmです。まりなさんのリボンの長さは、妹のリボンの長さの2倍です。まりなさんのリボンの長さは何cmですか。

とき方　まりなさんのリボンの長さは、妹のリボンの長さをもとにすると2つ分だから、

160× ☐ ＝ ☐ より、

☐ cmとなります。

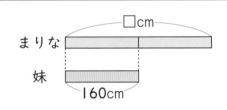

答え ☐ cm

---

1 1こ129円のシュークリームがあります。ショートケーキのねだんは、シュークリームのねだんの3倍です。ショートケーキのねだんは何円ですか。 📖教科書 242ページ 1

式

答え（ 　　　　　　　）

きほん 2 　何倍かをもとめるには、どんな計算をしますか。

⭐ かずやさんは、切手を28まい持っています。弟は7まい持っています。かずやさんの切手のまい数は、弟の切手のまい数の何倍ですか。

とき方　《1》右の図より、28まいは7まいのいくつ分かを考えるから、

28÷ ☐ ＝ ☐

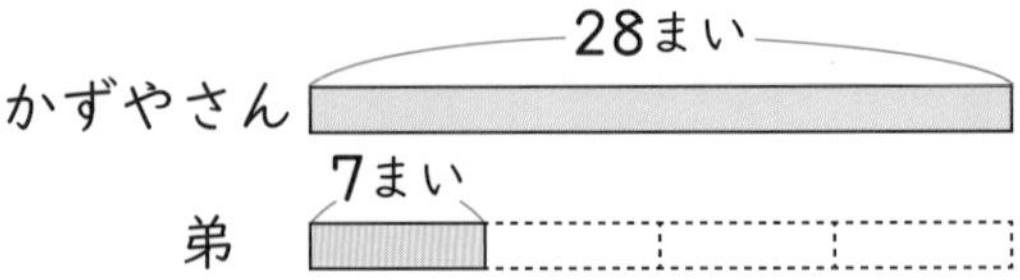

《2》7まいの☐倍が28まいと考えると、

7×☐＝28　　☐にあてはまる数は、

28÷ ☐ ＝ ☐　　答え ☐ 倍

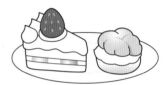

たいせつ
何倍になっているかをもとめるときは、わり算を使います。

さんすうはかせ　2倍の大きさをもとめるときは、もとにする大きさの2つ分と考えればよいので、かけ算を使って計算します。

2 赤のテープは42cm、青のテープは6cmです。赤のテープの長さは、青のテープの長さの何倍ですか。

📖 教科書 243ページ **2**

式

答え （　　　　　　　　　）

3 チョコレート1このねだんは45円で、ガム1このねだんは5円です。チョコレート1このねだんは、ガム1このねだんの何倍ですか。

📖 教科書 243ページ **2**

式

答え （　　　　　　　　　）

きほん3 もとにする大きさがもとめられますか。

⭐ えんとつの高さは電柱の高さの4倍で、32mです。電柱の高さは何mですか。

とき方 えんとつの高さは電柱の高さをもとにすると □ 倍です。このことを、電柱の高さを□mとして、式に表すと、

□×4＝32になります。

□にあてはまる数をもとめるには、

□＝32 □ 4の計算をします。

答え □ m

```
               ┌──── 32m ────┐
えんとつ  ┌──┬──┬──┬──┐
         │  │□m│  │  │
電柱    └──┴──┴──┴──┘
```

たいせつ⭐
もとにする大きさをもとめるときは、図に表したり、□を使って式に表したりすると、考えやすくなります。

4 りかさんのお母さんは36才です。これは、りかさんの年れいの4倍です。りかさんは何才ですか。

📖 教科書 244ページ **3**

式

答え （　　　　　　　　　）

5 物語の本のページ数は80ページです。これは、絵本のページ数の4倍です。絵本のページ数は何ページですか。

📖 教科書 244ページ **3**

式

絵本のページ数を□ページとして、式に表すこともできるね。

答え （　　　　　　　　　）

ポイント ○倍の大きさをもとめるときは「かけ算」、何倍かをもとめるときともとにする大きさをもとめるときは「わり算」を使います。ちがいを理かいしましょう。

できた数

/4問中

おわったら
シールを
はろう

1 倍とかけ算　46mの高さのビルがあります。タワーの高さはビルの高さの3倍です。タワーの高さは何mですか。

式

答え（　　　　　　　　　）

2 倍とわり算　けんじさんは、カードを24まい、しげきさんは3まい持っています。けんじさんの持っているカードのまい数は、しげきさんの持っているカードのまい数の何倍ですか。

式

答え（　　　　　　　　　）

何倍かをもとめる
ときは、わり算を
使えばいいね。

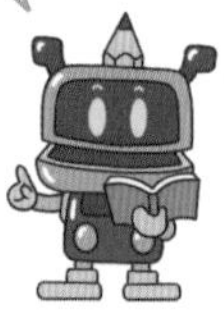

3 倍とわり算　みずきさんとけんたさんは、ゲームをしました。みずきさんのとく点は36点で、けんたさんのとく点は6点でした。みずきさんのとく点は、けんたさんのとく点の何倍ですか。

式

答え（　　　　　　　　　）

4 倍とわり算　ゆかさんは、おはじきを64こ持っています。これは、ともみさんが持っているおはじきのこ数の8倍です。ともみさんが持っているおはじきは何こですか。

式

答え（　　　　　　　　　）

できるナビ　倍の計算が正しくできるようにしよう。

1 白い花が7本あります。赤い花は白い花の本数の3倍あります。赤い花は何本ありますか。　　　　1つ10〔20点〕

式

答え（　　　　　　　　　　）

2 かずやさんはシールを63まい、弟は7まい持っています。かずやさんの持っているシールのまい数は弟の持っているシールのまい数の何倍ですか。　　1つ10〔20点〕

式

答え（　　　　　　　　　　）

3 麦茶が27L、ジュースが9Lあります。麦茶のかさはジュースのかさの何倍ありますか。　　　　1つ10〔20点〕

式

答え（　　　　　　　　　　）

4 赤色のリボン、青色のリボン、黄色のリボンがあります。赤色のリボンの長さは12mです。　　　　1つ10〔40点〕

❶ 青色のリボンの長さは赤色のリボンの長さの3倍です。青色のリボンの長さは何mですか。

式

答え（　　　　　　　　　　）

❷ 青色のリボンの長さは黄色のリボンの長さの4倍です。黄色のリボンの長さは何mですか。

式

答え（　　　　　　　　　　）

□ 何倍かした大きさをもとめることはできたかな？
□ 何倍かをもとめることはできたかな？

そろばん

きほんのワーク

もくひょう・
そろばんでたし算やひき算ができるようにします。

おわったらシールをはろう

教科書　246〜248ページ　答え　20ページ

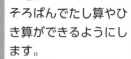

きほん 1　そろばんにおかれた数が読めますか。

⭐ 右のそろばんにおかれた数を、数字で書きましょう。

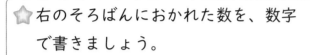
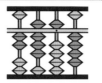

とき方　定位点のうちの1つを一の位として、左へじゅんに位を決めていきます。一玉1こで1を表し、五玉1こで5を表します。このそろばんにおかれた数は、百の位の数が [　]、十の位の数が [　]、一の位の数が [　]、$\frac{1}{10}$ の位の数が [　] だから、[　　　] です。

答え [　　　　]

わく　一玉　定位点
はり　五玉　けた

↑　↑　↑　↑　↑
一万の位　千の位　百の位　十の位　一の位　$\frac{1}{10}$ の位

1　そろばんにおかれた数を、数字で書きましょう。

📖教科書 246ページ

① 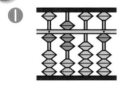（　　　　）

② （　　　　）

1、2、3、4のおき方とはらい方
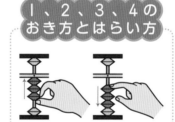

5のおき方とはらい方
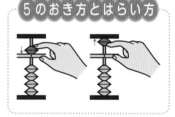

きほん 2　そろばんを使って、たし算ができますか。

⭐ 54＋32の計算を、そろばんを使ってしましょう。

とき方　大きい位の数から計算していきます。

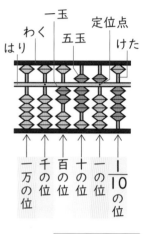

54をおく。　32の30をたす。　32の2を一玉ではたせないので、5をたして、3をひく。

6、7、8、9のおき方とはらい方

答え [　　]

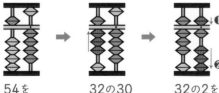

② そろばんで計算しましょう。　📖 教科書 247ページ

① 27＋52　　② 32＋14　　③ 70＋69　　④ 59＋83

きほん ③　**そろばんを使って、ひき算ができますか。**

⭐ 54－32の計算を、そろばんを使ってしましょう。

とき方　大きい位の数から計算していきます。

 ➡ ➡

54を
おく。

32の30を一玉では
ひけないので、
2をたして、5をひく。

32の2をひく。

数をおくときは、人さ
し指と親指を使うよ。
数をはらうときは、人
さし指を使うよ。

答え ☐

③ そろばんで計算しましょう。　📖 教科書 247～248ページ

① 48－23　　② 65－14　　③ 96－52　　④ 80－37

きほん ④　**そろばんを使って、大きな数や小数の計算ができますか。**

⭐ そろばんを使って、次の計算をしましょう。
① 7万＋9万　　② 1.4＋0.3

とき方　①は7＋9と同じように、②は14＋3と同じように計算します。

① 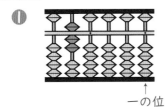 ➡

② ➡

一の位

7万をおく。

9万をたす。

一の位

1.4をおく。

0.3をたす。

答え ① ☐　　② ☐

④ そろばんで計算しましょう。　📖 教科書 248ページ

① 8万＋4万　　② 7万－3万　　③ 0.6＋1.7　　④ 3.4－1.9

ポイント　正しい数のおき方とはらい方をおぼえましょう。そろばんのたし算、ひき算は大きい位から
じゅんに計算していきます。大きな数や小数の計算も、できるようになりましょう。

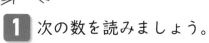

教科書 246～248ページ　答え 21ページ

1 次の数を読みましょう。
1つ5〔10点〕

①
一の位

（　　　　）

②
一の位

（　　　　）

2 そろばんで計算しましょう。
1つ5〔60点〕

① 5＋3　　② 5＋2　　③ 7＋3

④ 9－7　　⑤ 6－1　　⑥ 10－2

⑦ 28＋41　⑧ 63＋15　⑨ 48＋3

⑩ 27－11　⑪ 46－22　⑫ 32－4

3 そろばんで計算しましょう。
1つ5〔30点〕

① 5万＋6万　② 9万＋9万　③ 6万－4万

④ 0.4＋0.9　⑤ 1.1－0.7　⑥ 2.1－1.8

チェック
□ そろばんに表した数を読むことができたかな？
□ そろばんを使って、たし算やひき算ができたかな？

まとめのテスト❶

とく点　　／100点

おわったら
シールを
はろう

時間 20分

教科書 249〜251ページ　答え 21ページ

1 次の数を数字で書きましょう。　　　　　　　　　　　　　　　　1つ5〔20点〕

❶ 百万を3こ、十万を6こ、千を4こ合わせた数

（　　　　　　　　　　　）

❷ 1000を43こ集めた数　　　　　　　（　　　　　　　　　　　）

❸ 1を2こと、0.1を9こ合わせた数　　　　　（　　　　　　　　　　　）

❹ $\frac{1}{8}$ を7こ集めた数　　　　　　　　　（　　　　　　　　　　　）

2 次の数を表す数直線の目もりに、↓を書きましょう。　　　　　　1つ4〔20点〕

❶ 0.4　　　❷ $\frac{2}{10}$　　　❸ 1.3　　　❹ $\frac{9}{10}$　　　❺ 2.8

```
0          1          2          3
├┴┴┴┴┴┴┴┴┴┴┼┴┴┴┴┴┴┴┴┴┴┼┴┴┴┴┴┴┴┴┴┴┤
```

3 □にあてはまる等号か不等号を書きましょう。　　　　　　　　　1つ4〔12点〕

❶ 0.6 □ $\frac{7}{10}$　　　　❷ 1.3 □ 0.9　　　　❸ 1 □ $\frac{10}{10}$

4 計算をしましょう。　　　　　　　　　　　　　　　　　　　　1つ4〔36点〕

❶ 328＋574　　　　❷ 4621＋2393　　　　❸ 902−368

❹ 6305−4927　　　❺ 74×28　　　　　　❻ 506×43

❼ 35÷7　　　　　　❽ 52÷6　　　　　　 ❾ 64÷2

5 1こ85円のおかしを12こ買いました。代金は何円ですか。　　 1つ6〔12点〕

式

答え（　　　　　　　　　　　）

□ 数直線の目もりを正しく読むことができたかな？
□ まちがえずに筆算で計算できたかな？

まとめのテスト❷

時間 **20**分

とく点　/100点

おわったら
シールを
はろう

教科書　249～251ページ　答え　21ページ

1 □にあてはまる数を書きましょう。　　　　　　　　　1つ4〔36点〕

❶　8362000の十万の位の数字は □ です。

❷　510000は10000を □ こ集めた数です。

　また、1000を □ こ集めた数です。

❸　270を10倍した数は □ で、100倍した数は □ です。

　また、270を10でわった数は □ です。

❹　3.2Lは、0.1Lを □ こ集めたかさです。

❺　$\frac{1}{9}$mの □ つ分の長さは1mと同じ長さです。

❻　20.5は0.1を □ こ集めた数です。

2 計算をしましょう。　　　　　　　　　　　　　　1つ5〔40点〕

❶　3.8＋5.2　　❷　7＋4.6　　❸　9.1－6.3　　❹　8－2.7

❺　$\frac{5}{9}+\frac{3}{9}$　　❻　$\frac{8}{10}+\frac{2}{10}$　　❼　$1-\frac{2}{4}$　　❽　$1-\frac{1}{6}$

3 1mのテープを、お兄さんが$\frac{1}{8}$m、お姉さんが$\frac{2}{8}$mもらい、のこりはけんたさんがもらいました。　　　　　　　　　　　　　　　　　1つ6〔24点〕

❶　お兄さんとお姉さんがもらったテープの長さは合わせて何mですか。

式

答え（　　　　　　　）

❷　けんたさんがもらったテープの長さは何mですか。

式

答え（　　　　　　　）

チェック　✓
□いろいろな数のしくみがわかったかな？
□小数や分数の計算を正しくできたかな？

まとめのテスト❸

時間 20分

とく点 /100点

おわったら シールを はろう

教科書 249〜251ページ 答え 21ページ

1 今日1日で一番高い気温が25.2℃、一番ひくい気温が12.6℃でした。一番高い気温と一番ひくい気温のちがいは何℃ですか。　　　　　　1つ10〔20点〕

式

答え（　　　　　　　　）

2 キャラメルが27こあります。これを8こずつふくろに入れていきます。全部のキャラメルを入れるには、ふくろは何ふくろいりますか。　　　　　　1つ10〔20点〕

式

答え（　　　　　　　　）

3 午後3時30分から、45分たった時こくと、45分前の時こくをもとめましょう。

1つ10〔20点〕

45分たった時こく（　　　　　　　　）　　45分前の時こく（　　　　　　　　）

4 はりがさしている目もりを読みましょう。　　　　　　1つ10〔20点〕

❶

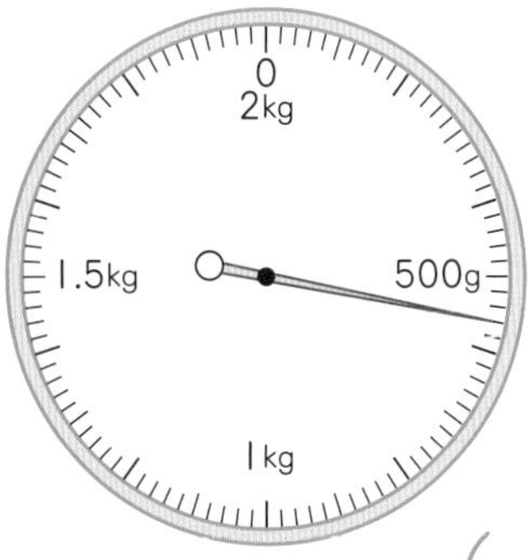

（　　　　　　　）

❷

（　　　　　　　）

5 右の図のように、大きい円の直径の上に、同じ大きさの円が2こならんでいます。点ア、イは小さい円の中心です。大きい円の直径は何cmですか。　　　　　　〔20点〕

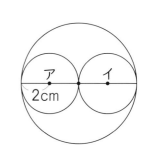

（　　　　　　　）

まとめのテスト④

時間 **20**分

とく点　／100点

おわったら
シールを
はろう

教科書　249～251ページ　答え　22ページ

1 次の図形をノートにかきましょう。　　　　　　　　　　　　1つ14〔28点〕
　① 半径が1cm5mmの円　　② 直径が4cmの円

2 次の三角形をノートにかきましょう。また、何という三角形ですか。　1つ8〔32点〕
　① 辺の長さが6cm、6cm、6cmの三角形

三角形の名前（　　　　　　　　　　）

　② 辺の長さが3cm、4cm、4cmの三角形

三角形の名前（　　　　　　　　　　）

3 下の角の中で、一番大きい角はどれですか。　　　　　　　　〔20点〕

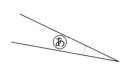 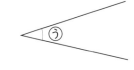

（　　　　　　　　　　）

4 下の表は、まゆみさんの組の人たちのすきな動物についてまとめたものです。この表を右の方眼を使ってぼうグラフに表しましょう。

〔20点〕

すきな動物の人数

しゅるい	人数(人)
うさぎ	3
パンダ	8
犬	9
ライオン	5
その他	4

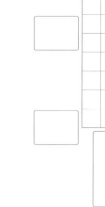

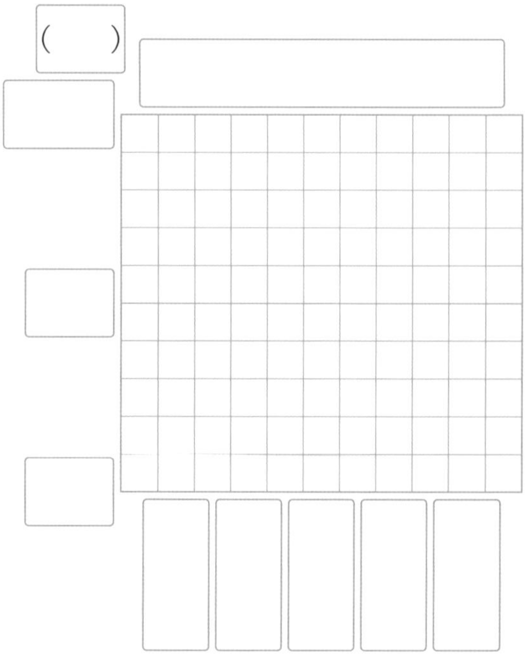

ふろくの「計算練習ノート」28～29ページをやろう！

 チェック ☑
□ 円や三角形をかくことができたかな？
□ 表をぼうグラフにすることができたかな？

実力判定テスト

夏休みのテスト②

時間30分

名前

●勉強した日　月　日

教科書 16〜114ページ　答え 23ページ

●とく点

/100点

1 計算をしましょう。

1つ4[24点]

❶ 5×10　（　　　）

❷ 3×0　（　　　）

❸ 0×0　（　　　）

❹ 12÷4　（　　　）

❺ 0÷7　（　　　）

❻ 5÷5　（　　　）

2 計算をしましょう。

1つ4[16点]

❶ 416+247　（　　　）

❷ 2437+5624　（　　　）

❸ 964−387　（　　　）

❹ 1002−614　（　　　）

3 右の2つの表は、あゆみさんたちが、学校の前の道を10分間に通った乗用車とトラックの数を調べたものです。

車調べ（南行き）

しゅるい	台数（台）
乗用車	23
トラック	13

車調べ（北行き）

しゅるい	台数（台）
乗用車	14
トラック	7

❶ 上の2つの表を、右の1つの表にまとめましょう。

1つ4[8点]

車調べ　　　　　　　　　　（台）

	南行き	北行き	合計
乗用車	あ	い	う
トラック	え	お	か
合計	き	く	け

❷ 10分間に、校門の前を通った乗用車とトラックの台数は合計何台ですか。

（　　　）

4 875まいの画用紙のうち、658まいを使いました。あと何まいのこっていますか。

1つ4[8点]

式

答え（　　　）

5 ドーナツが45こあります。

1つ5[20点]

❶ 9人で同じ数ずつ分けると、1人分は何こになりますか。

式

答え（　　　）

❷ 1人に5こずつ分けると、何人に分けられますか。

式

答え（　　　）

6 プールにいた時間は1時間50分、公園にいた時間は40分です。合わせて何時間何分ですか。

[4点]

（　　　）

7 28人の子どもがかんらん車に乗ります。1台のゴンドラに6人ずつ乗るとすると、みんなが乗るには、ゴンドラは何台あればよいですか。

1つ5[10点]

式

答え（　　　）

8 右のように、半径が4cmのボールが6こすき間なく入る箱があります。この箱のたてと横の長さはそれぞれ何cmですか。

1つ5[10点]

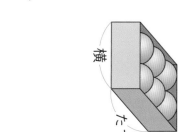

たて（　　　）　横（　　　）

実力判定テスト　夏休みのテスト①

時間30分

名前

とく点　／100点

1 □にあてはまる数を書きましょう。　1つ4[8点]

① $9×3=9×4-$ □

② $2×7=$
　$8×7 <$ □ $×7=$
　合わせて □

2 計算をしましょう。　1つ4[12点]

① $3×10$　　② $0×9$　　③ $7×0$

(　)　　(　)　　(　)

3 計算をしましょう。　1つ4[16点]

① $368+782$　　② $5342+559$

(　)　　(　)

③ $700-408$　　④ $8546-2738$

(　)　　(　)

4 まゆみさんのはんの人のちょ金を調べました。右の表を、ぼうグラフに表しましょう。　[8点]

ちょ金調べ

名前	金がく(円)
まゆみ	800
りょう	300
ゆうた	500
よしみ	900

(円)

0

5 みなこさんは、3568円のスカートを買うために、5000円さつを出しました。おつりは何円ですか。　1つ4[8点]

式

答え (　)

6 56cmのリボンがあります。　1つ4[15点]

① 同じ長さずつ8本に切ると、1本の長さは何cmになりますか。

式

答え (　)

② 7cmずつに切ると、何本になりますか。

式

答え (　)

7 かずやさんは、午後3時50分から、午後4時35分まで、公園で遊びました。公園で遊んだ時間は何分ですか。　[8点]

答え (　)

8 計算をしましょう。　1つ4[16点]

① $38÷6$

答え (　)　たしかめ (　)

② $48÷9$

答え (　)　たしかめ (　)

9 1辺が12cmの正方形の中に、円がぴったり入っています。この円の半径の長さをもとめましょう。　[8点]

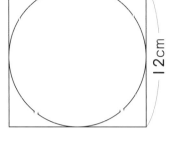

12cm

答え (　)

冬休みのテスト①

1 計算をしましょう。 1つ3[18点]

① 40×6

② 900×5

③ 42×8

④ 521×7

⑤ 82×5

⑥ 409×4

2 計算をしましょう。 1つ4[8点]

① 90÷9

② 62÷2

3 次の数を数字で書きましょう。 1つ3[12点]

① 七千二百五万千六十四

② 1000 を 832 こ集めた数

③ 1000万を 10 こ集めた数

④ 52600 を 10 でわった数

4 □にあてはまる数を書きましょう。 1つ5[10点]

① 6km50m ＝ □m

② 2078m ＝ □km □m

5 □にあてはまる数を書きましょう。 1つ4[12点]

① 4.3は、0.1を □こ集めた数です。

② 8.2は、1を □ことと0.1を □こ合わせた数です。

③ 7より0.9小さい数は □です。

6 計算をしましょう。 1つ3[12点]

① 0.9+2.2

② 3.6+5

③ 8.2−4.9

④ 7−6.3

7 計算をしましょう。 1つ3[12点]

① $\dfrac{1}{6} + \dfrac{2}{6}$

② $\dfrac{3}{7} + \dfrac{3}{7}$

③ $\dfrac{8}{9} - \dfrac{3}{9}$

④ $1 - \dfrac{2}{10}$

8 ジュースが大きいびんに $\dfrac{5}{8}$ L、小さいびんに $\dfrac{3}{8}$ L入っています。 1つ4[16点]

① ジュースは合わせて何Lありますか。

式　　　　　　　答え（　　　　　）

② ジュースのかさのちがいは何Lですか。

式　　　　　　　答え（　　　　　）

冬休みのテスト②

時間 30分　名前　とく点 /100点　教科書 116〜201ページ　答え 23ページ　●勉強した日　月　日　おわったら シールを はろう

1 計算をしましょう。　1つ4[24点]

① 60×8

② 700×7

③ 37×4

④ 389×6

⑤ 806×4

⑥ 720×6

2 計算をしましょう。　1つ3[6点]

① 80÷8

② 33÷3

3 下の数直線の⑦〜①の目もりが表す数を答えましょう。　1つ3[12点]

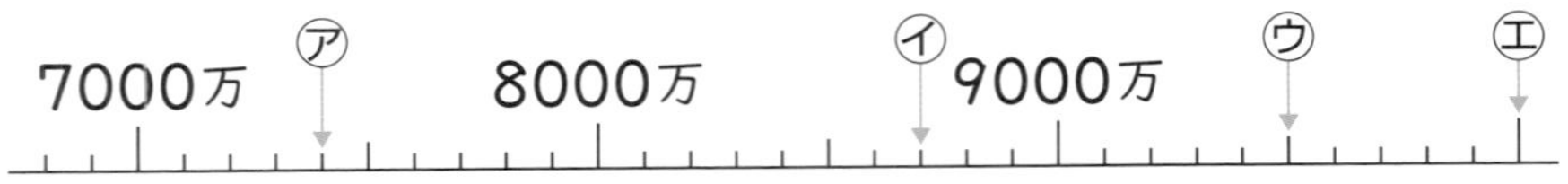

7000万　8000万　9000万

⑦（　　　）　①（　　　）　⑦（　　　）　①（　　　）

4 みきさんの家から学校までのきょりは何mですか。また、みきさんの家から学校までの道のりは何km何mですか。　1つ3[6点]

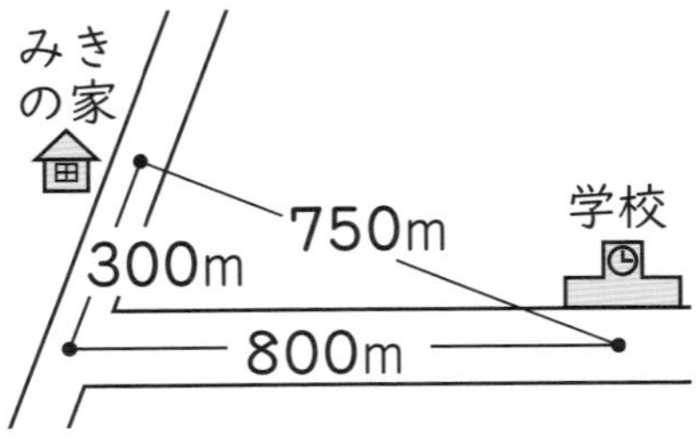

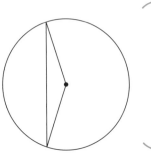

みきの家　300m　750m　800m　学校

きょり（　　　）

道のり（　　　）

5 計算をしましょう。　1つ4[16点]

① 5.7+3.6

② 3.4−1.8

③ $\frac{4}{5}+\frac{1}{5}$

④ $\frac{9}{10}-\frac{3}{10}$

6 □にあてはまる等号か不等号を書きましょう。　1つ4[8点]

① $\frac{3}{10}$ □ 0.4

② $\frac{11}{10}$ □ 1.1

7 けんとさんのりボンの長さは $\frac{3}{7}$ m、さくらさんのりボンの長さは $\frac{2}{7}$ m です。　1つ4[16点]

① リボンは合わせて何mありますか。

式

答え（　　　）

② リボンの長さのちがいは、何mですか。

式

答え（　　　）

8 右の図のように、円の中心と円のまわりをむすんでかいた三角形の名前を答えましょう。　[4点]

（　　　）

9 次の三角形の名前を答えましょう。　1つ4[8点]

① どの辺の長さも5cmの三角形

（　　　）

② 辺の長さが8cm、10cm、8cmの三角形

（　　　）

名前

教科書 16〜248ページ　答え 24ページ

とく点 /100点

●勉強した日　月　日

1 右の表は3年生が住んでいる町の人数をまとめたものです。 1つ5[10点]

町べつの人数	1組	2組	3組	合計
東町	14	11	5	え
中町	9	15	8	お
西町	12	8	18	か
合計	あ	い	う	き

(人)

(1) 表をかんせいさせましょう。

(2) 3年生がいちばん多く住んでいる町は、どの町ですか。
（　　　　　）

2 コンパスを使って、直径が5cmの円をかきましょう。 [9点]

3 580を10倍、100倍、1000倍した数は、それぞれいくつですか。また、10でわった数はいくつですか。 1つ4[16点]

10倍（　　　　　）

100倍（　　　　　）

1000倍（　　　　　）

10でわった数（　　　　　）

4 右の図で、大きさの等しい角はどれとどれですか。 [5点]

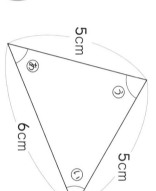

（　　　　　）

5 はりがさしている重さを答えましょう。 1つ5[10点]

(1)
（　　　　　）

(2)
（　　　　　）

6 重さ300gのかごにみかんを入れてはかったら、1kg200gになりました。みかんの重さは何gですか。 1つ5[10点]

式（　　　　　）

答え（　　　　　）

7 クラッカーが63まいあります。1人分は7まいにして同じ数ずつ分けたら、何人かで同じ数ずつ分けられました。分けた人数を□人として、式に表しましょう。また、分けた人数をもとめましょう。 1つ5[10点]

式（　　　　　）

答え（　　　　　）

8 ひろとさんは絵はがきを24まい持っています。ひろとさんは、妹の6ばいの絵はがきを持っています。妹の何まいですか。 1つ5[20点]

式（　　　　　）

答え（　　　　　）

9 計算をしましょう。 1つ5[20点]

(1) 4×16 （　　　　　）

(2) 73×65 （　　　　　）

(3) 386×23 （　　　　　）

(4) 805×49 （　　　　　）

学年末のテスト ①

1 計算をしましょう。わり算は、あまりも出しましょう。

1つ3[24点]

① 0×6 （　　）

② 10×5 （　　）

③ 38×7 （　　）

④ 294×4 （　　）

⑤ 82÷2 （　　）

⑥ 61÷7 （　　）

⑦ 427+395 （　　）

⑧ 604-218 （　　）

2 しおりさんは、午前10時55分から、午前11時15分まで、部屋のそうじをしました。そうじをした時間は何分ですか。

[8点]

（　　）

3 □にあてはまる数を書きましょう。

1つ3[6点]

① 2750m ＝ □km □m

② 8km30m ＝ □m

4 計算をしましょう。

1つ3[18点]

① 2.8+4.5 （　　）

② 5.2+1.8 （　　）

③ 7.4-6.5 （　　）

④ 3.9-2 （　　）

⑤ $\frac{1}{7}+\frac{5}{7}$ （　　）

⑥ $1-\frac{1}{5}$ （　　）

5 □にあてはまる数を書きましょう。

1つ3[12点]

① 8kg ＝ □g

② 2t ＝ □kg

③ 2kg500g ＝ □g

④ 6450g ＝ □kg □g

6 計算をしましょう。

1つ4[16点]

① 94×37 （　　）

② 47×85 （　　）

③ 613×24 （　　）

④ 584×76 （　　）

7 ゆうきさんはカードを何まいか持っています。みきさんに23まいもらったので、50まいになりました。はじめに持っていたカードのまい数を□まいとして、式に表しましょう。また、はじめに持っていたカードのまい数をもとめましょう。

1つ4[8点]

式（　　）

答え（　　）

8 たくやさんはえん筆を8本持っています。ゆみさんの持っているえん筆の本数は、たくやさんの持っているえん筆の本数の4倍です。ゆみさんは、えん筆を何本持っていますか。

1つ4[8点]

式（　　）

答え（　　）

まるごと 文章題テスト①

いろいろな文章題にチャレンジしよう！

1 ある学校では、コピー用紙を、先週は2194まい、今週は1507まい使いました。　1つ5[20点]

① 先週と今週で、合わせて何まいのコピー用紙を使いましたか。

式

答え（　　　）

② 先週と今週で、使ったまい数のちがいは何まいですか。

式

答え（　　　）

2 計算問題が42問あります。毎日同じ数ずつ問題をといて、1週間で全部をとき終わるには、1日に何問ずつとけばよいですか。　1つ5[10点]

式

答え（　　　）

3 家から学校まで25分かかります。午前8時15分までに学校に着くためには、おそくとも午前何時何分までに家を出ればよいですか。　[10点]

式

答え（　　　）

4 1しゅうが237mの公園のまわりを5しゅう走ります。全部で何m走りますか。　1つ5[10点]

式

答え（　　　）

5 76本のえん筆を、8人で同じ数ずつ分けます。1人分は何本になって、何本あまりますか。　1つ5[10点]

式

答え（　　　）

6 90cmのひもがあります。このひもを、1本の長さが9cmになるように切り分けます。9cmのひもは何本できますか。　1つ5[10点]

式

答え（　　　）

7 2.5L入るやかんと、1.6L入る水とうでは、どちらがどれだけ多く入りますか。　1つ5[10点]

式

答え（　　　）

8 たくまさんのテープの長さは$\frac{4}{5}$m、かすみさんのテープの長さは$\frac{1}{5}$mです。テープは合わせて何mありますか。　1つ5[10点]

式

答え（　　　）

9 1本155円のボールペンを23本買います。4000円出すと、おつりは何円ですか。　1つ5[10点]

式

答え（　　　）

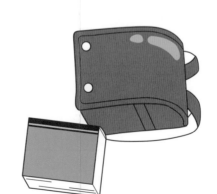

まるごと 文章題テスト②

実力判定テスト

時間 30分
名前
●勉強した日　月　日
得点　/100点
答え　24ページ
おわったらシールをはろう

1 そう庫に品物が8524こ入っていました。このうち4897こを外に運び出しました。そう庫にのこっている品物は何こですか。

1つ5[10点]

式

答え（　　　　　　　　）

2 35本の花があります。7本ずつたばにすると、花たばはいくつできますか。

1つ5[10点]

式

答え（　　　　　　　　）

3 1さつ400円のノートを2さつ組にしたものを、3人に配るために買います。代金は何円ですか。

1つ5[10点]

式

答え（　　　　　　　　）

4 6300まいの紙を、同じ数ずつたばねて10のたばを作りました。1たばは、何まいになりますか。

1つ5[10点]

式

答え（　　　　　　　　）

5 6Lの牛にゅうを、7dLずつびんに分けていきます。7dL入ったびんは何本できますか。

1つ5[10点]

式

答え（　　　　　　　　）

いろいろな文章題にチャレンジしよう！

6 8.3cmのテープと38mmのテープが合わせて何cmありますか。

1つ5[10点]

式

答え（　　　　　　　　）

7 スープが $\frac{7}{9}$ L あります。$\frac{2}{9}$ L飲むと、のこりは何Lになりますか。

1つ5[10点]

式

答え（　　　　　　　　）

8 ランドセルに本を入れて重さをはかったら、1kg 400gありました。本の重さは450gです。ランドセルの重さは何gですか。

1つ5[10点]

式

答え（　　　　　　　　）

9 リボンでかざりを作ります。1このかざりを作るのに、リボンを28cm使います。かざりを52こ作るには、リボンは何m何cmいりますか。

1つ5[10点]

式

答え（　　　　　　　　）

10 ひかるさんと弟は、どんぐり拾いに行きました。ひかるさんの拾った数は、39こでした。これは、弟の拾った数の3倍です。弟は何こ拾いましたか。

1つ5[10点]

式

答え（　　　　　　　　）

算数 3年 大日 ④ ウラ

教科書ワーク

答えとてびき

「答えとてびき」は、とりはずすことができます。

大日本図書版

算数 **3**年

---

1 かけ算のきまりを調べよう

2・3ページ　きほんのワーク

きほん1　3、3、5、3　　　　　　　　答え 3、3、3
❶ ❶ 4　　　　　❷ 5　　　　　❸ 6

きほん2　答え 18、4、36、54
　　　　　　5、30、24、54
❷ ❶ 27、2、18、45
　 ❷ 21、7、49、70
　 ❸ 10、60、18、78
　 ❹ 3　　　　　❺ 5
　 ❻ 8　　　　　❼ 9

きほん3　0、0　　　　　　　　　　　答え 0、0、0
❸ ❶ 0　　　　　❷ 0　　　　　❸ 0
　 ❹ 0　　　　　❺ 0　　　　　❻ 0

てびき ❶ かけ算のきまりを使います。
　❶ かける数が1ふえているので、答えはかけられる数の4だけふえます。
　❷ かける数が1へっているので、答えはかけられる数の5だけへります。
　❸ かけられる数とかける数を入れかえて計算しても、答えは同じになります。
❷ かけ算のきまりを使います。
　❶ かけ算では、かけられる数を分けて計算しても、答えは同じになるので、5を3と2に分けて計算します。
　❷ かけられる数を3と7に分けて計算します。かけられる数が10のときも、かけられる数を2つに分けると、九九の計算になります。
　❹ 6のだんの九九から考えます。
　❺ 7のだんの九九から考えます。

---

　❻ 8のだんの九九から考えます。
　❼ 4のだんの九九から考えます。
❸ かけ算では、どんな数に0をかけても、0にどんな数をかけても、答えは0になります。

4ページ　練習のワーク

❶ ❶ 6　　　　　❷ 8　　　　　❸ 5
　 ❹ 60、4、40、100
　 ❺ 6　　　　　❻ 4
❷ ❶ 30　　　　❷ 20　　　　❸ 80
❸ 式 0×7＝0　　　　　　　　　　答え 0こ
❹ 6回
❺ 式 7×10＝70　　　　　　　　答え 70人

てびき ❶ ❶ かける数が1ふえると、答えはかけられる数だけ大きくなります。
　❷ かける数が1へると、答えはかけられる数だけ小さくなります。
❺ ■×●＝●×■を使って考えると、ゆみさんのとく点の合計は6×4（点）だから、あきさんのとく点の合計は4×6（点）になります。

5ページ　まとめのテスト

❶ ❶ ㋐ 35　　　㋑ 24
　 ❷ ㋒ 48　　　㋔ 63
　 ❸ ㋕ 8　　　㋖ 20
❷ ❶ 8　　　　❷ 7　　　　❸ 4
　 ❹ 7　　　　❺ 4、8、4、32、40
❸ ❶ 0　　　　❷ 0　　　　❸ 0
　 ❹ 30　　　❺ 40　　　❻ 100

④ 式 3×0＝0
　　　2×3＝6
　　　1×2＝2
　　　0×5＝0
　　　0＋6＋2＋0＝8　　　　　　　　答え 8 点

てびき **❶❶** 27　36　45
　　　　　　　＼9／＼9／

9 ずつ大きくなる→9 のだんの九九
　㋐は 7 のだんの九九→28＋7＝35
　㋑は 8 のだんの九九→32−8＝24
❷ 35　40　45
　　　＼5／＼5／

5 ずつ大きくなる→5 のだんの九九
　㋒は 6 のだんの九九→42＋6＝48
　㋓は 7 のだんの九九→56＋7＝63
❸ 12　15　18
　　　＼3／＼3／

3 ずつ大きくなる→3 のだんの九九
　㋔は 2 のだんの九九→10−2＝8
　㋕は 4 のだんの九九→16＋4＝20
❷❺ かける数の 10 を、2 と 8 に分けて計算します。

---

② 大きな数のたし算とひき算を考えよう

6・7ページ きほんのワーク

ふくしゅう ❶ 276　❷ 121
きほん❶ 7➡1、3➡6
　　　式 352＋285＝637　　　　　　答え 637
❶ 式 415＋308＝723　答え 723 円
　　　　　　　　　　　　　　　　　　415
❷ ❶ 659　　❷ 490　　　　　　＋308
　　❸ 856　　❹ 567　　　　　　──────
きほん❷ 1、3➡8➡1、1　　　723　答え 1183
❸ ❶ 812　　❷ 1131　　❸ 532
　　❹ 945　　❺ 1424　　❻ 1022
きほん❸ 5➡1、5➡1、3➡7　　　　答え 7355
❹ ❶ 1798　　❷ 5913　　❸ 7832
　　❹ 7310

てびき **❷** くり上がりに注意して、一の位から
じゅんに計算します。
❸❷❺❻ 百の位の計算が 10 をこえたときは、
千の位にくり上がります。
❹ けた数がふえても、くり上がりに注意して、
一の位からじゅんに計算します。

8・9ページ きほんのワーク

きほん❶ 1. 7➡2、6➡1
　　　式 325−158＝167　　　　　　答え 167
❶ 式 429−178＝251　答え 251 人
　　　　　　　　　　　　　　　　　　429
❷ ❶ 311　　❷ 234　　　　　　−178
　　❸ 277　　❹ 279　　　　　　──────
　　　　　　　　　　　　　　　　　　251
きほん❷ 2、10➡9、1、1、8　　　　答え 118
❸ ❶ 257　　❷ 219　　❸ 238
　　❹ 302　　❺ 193　　❻ 191
きほん❸ 3➡6➡4➡1　　　　　　答え 1463
❹ ❶ 2182　　❷ 1890　　❸ 776
　　❹ 8759
❺ 式 5000−2625＝2375　　　答え 2375 円

てびき **❸** 十の位の数が 0 で、くり下げられな
いときは、百の位からくり下げます。
❹ けた数がふえても、一の位からじゅんに計算
します。ひけないときは上の位から 1 くり下げ
て計算します。
❺ 　　5000
　　　−2625
　　　──────
　　　　2375

10ページ 練習のワーク

❶ ❶ 889　　❷ 903　　❸ 607
　　❹ 196
❷ ❶ 5383　　❷ 3738　　❸ 9511
　　❹ 6454
❸ ❶ 1154　　❷ 149　　❸ 6762
　　❹ 7941
❹ 式 346＋157＝503　　　　答え 503 まい
❺ 式 7248−3657＝3591　　　答え 3591 こ

てびき **❶** たし算やひき算の筆算は、位をそろ
えて、一の位からじゅんに、くり上がりやくり
下がりに気をつけて、計算します。
❸❶ 　　511　　❷　　903　　❸　3825
　　　＋643　　　−754　　　＋2937
　　　──────　　　──────　　　──────
　　　1154　　　　149　　　　6762

　　❹　8000
　　　−　59
　　　──────
　　　7941
❹ 青い色紙のまい数は、　　　　　　346
（赤い色紙のまい数）＋157　　　＋157
でもとめます。　　　　　　　　──────
　　　　　　　　　　　　　　　　503
❺ のこりの数は、　　　　　　　　7248
（はじめの数）−（運び出した数）　−3657
でもとめます。　　　　　　　　──────
　　　　　　　　　　　　　　　　3591

1 ❶ 1150　❷ 79　❸ 276

2 ❶ 1744　❷ 2431　❸ 4760

　　❹ 1186　❺ 5186　❻ 5174

3 式 1000－624＝376　　　答え 376円

4 ❶ 式 1755＋2352＝4107

　　　　　　　　　答え 4107まい

　　❷ 式 2352－1755＝597　答え 597まい

てびき

2 ❶
```
   429
 +1315
 ─────
  1744
```
❷
```
  2342
 +  89
 ─────
  2431
```
❸
```
  3025
 +1735
 ─────
  4760
```
❹
```
  3254
 -2068
 ─────
  1186
```
❺
```
  5285
 -  99
 ─────
  5186
```
❻
```
  7000
 -1826
 ─────
  5174
```

3 のこりをもとめるので、ひき算をします。

4 ❶ 合わせたまい数をもとめるので、たし算をします。
```
  1755
 +2352
 ─────
  4107
```

❷ ちがいをもとめるので、ひき算をします。
```
  2352
 -1755
 ─────
   597
```

③ くふうして整理しよう

きほん**1** 正、その他

答え かっているペットの人数

しゅるい	数(ひき)
犬	9
金魚	6
小鳥	4
ねこ	7
その他	5
合計	31

❶ すきなくだものの人数

いちご	正
メロン	下
りんご	丁
ぶどう	一
さくらんぼ	下
バナナ	一

すきなくだものの人数

しゅるい	人数(人)
いちご	5
メロン	3
りんご	2
さくらんぼ	3
その他	2
合計	15

きほん**2** ノート、10、110　　　答え ノート、110

2 ❶ 1人

　❷ 7人

　❸ 水曜日

3 ❶ 100円、800円

　❷ 1m、7m

てびき ❶ しゅるいごとに数を数えるときは、「正」の字を使うとべんりです。

2 ❶ 5人で5目もりだから、1目もりは1人です。

❸ ぼうが一番短いのは水曜日です。

3 ❶ 500円で5目もりだから、1目もりは100円です。

❷ 5mで5目もりだから、1目もりは1mです。

たしかめよう!

2 大きさをくらべるときには、ぼうグラフに表すとくらべやすくなります。

きほん**1** 答え

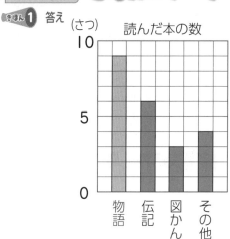

読んだ本の数

❶

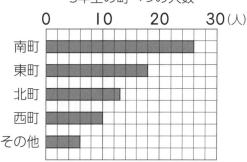

3年生の町べつの人数

きほん2 答え　3年生全体の先月のけがの人数（人）

しゅるい ＼ 組	1組	2組	3組	合計
すりきず	6	5	8	19
打ぼく	4	2	5	11
切りきず	8	7	6	21
つき指	5	6	3	14
その他	3	2	3	8
合計	26	22	25	73

❷ ❶ けっせき者の数（5月から7月まで）（人）

組 ＼ 月	5月	6月	7月	合計
1組	7	11	9	27
2組	13	12	7	32
3組	9	8	12	29
合計	29	31	28	88

❷ 1組

❸ （れい）3年生全体の5月から7月までのけっせき者の数の合計。

てびき ❶ 1目もりを1人にするとかききれないので、1目もりを2人にします。1目もりが2人を表すので、北町の13人は、12人と14人の目もりのまん中になるようにします。また、ぼうグラフは、ふつう、ぼうの長さの長いじゅんにかき、その他をさいごにかくので、ここでは人数から「南町→東町→北町→西町→その他」のじゅんにかいていきます。

❷❷ 表の一番右の合計のらんを、たてに見て人数をくらべます。一番人数が少ないのは1組です。

16ページ 練習のワーク

❶ ❶ 1けん

❷

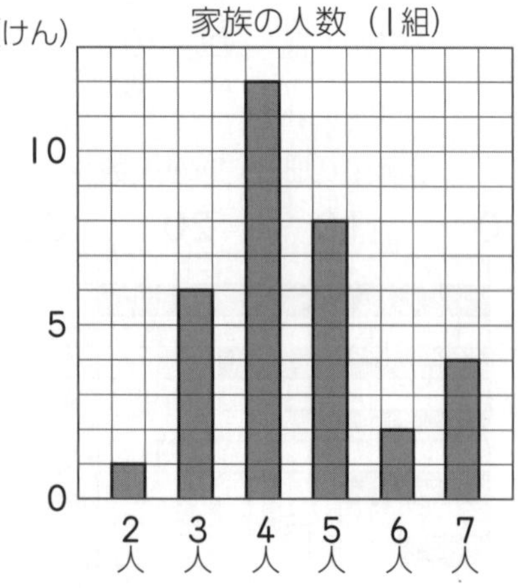

❸ 4人家族

❹ 2人家族

❺ 6けん

❷ ❶ ㋑　❷ ㋐

てびき ❶ 横のじくは家族の人数、たてのじくはけん数を表しているぼうグラフをかきます。

❶ 一番多い12けんが入るように、1目もりの大きさは1けんにします。

❷ 数の多いじゅんにならびかえてもかまいません。

❸❹ ぼうグラフを正しく読み取りましょう。

❺ 家族が5人の家は8けん、6人の家は2けんです。

❷ もくてきに合ったぼうグラフをえらびます。

❶ 5月と6月を合わせたさっ数がわかりやすいのは、5月と6月のぼうをつみ重ねた㋑のグラフです。

❷ 5月と6月で、しゅるいごとのさっ数のちがいをくらべやすいのは、5月と6月のぼうを横にならべた㋐のグラフです

17ページ まとめのテスト

1 ❶ 日曜日

❷ 25分

❸ 木曜日

2 ㋐ 11　㋑ 24　㋒ 9　㋓ 29

㋔ 6　㋕ 2　㋖ 8　㋗ 32

㋘ 95

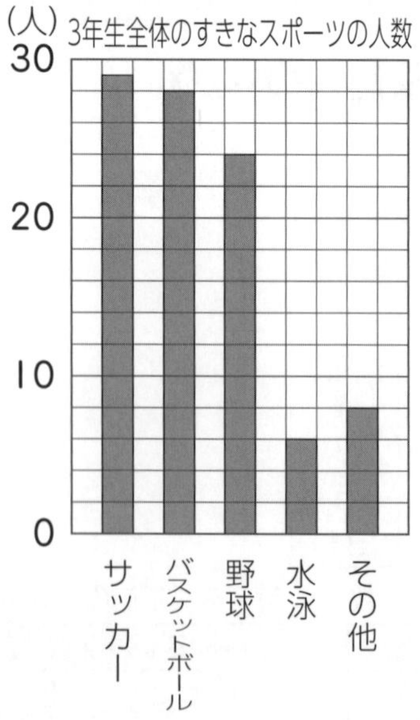

てびき 1 ❷ 1目もりは5分を表しています。金曜日のぼうの長さは、20分の目もりから1目もり分多いので、25分になります。

❸ 火曜日は40分で、目もり8つ分の時間本を読んだので、8÷2＝4より、ぼうグラフで目もり4つ分を表している曜日をさがします。

18・19ページ きほんのワーク

きほん1 20、10 ➡ 20、10、20
7、40、40、70、70、1、10
　　　　　　　　　　　　　答え 10、20、1、10

① ❶ 午後 4 時 10 分　　❷ 午後 3 時 40 分
❸ 1 時間 20 分（80 分）❹ 1 時間 50 分（110 分）

きほん2 2、30、2、30
1、30、2、30
70、30　　　　　　　答え 2、30、30

② 2 時間 10 分

③ 40 分

④ 1 時間 35 分

きほん3 10、1、10　　　　　　答え 1、10

⑤ 80 秒…1 分 20 秒
4 分…240 秒

てびき ④50 分と 45 分を合わせて 95 分。
95 分は 60 分と 35 分だから、勉強した時間
は 1 時間 35 分です。
⑤1 分＝60 秒です。80 秒は 60 秒と 20 秒に
分けられるので、1 分 20 秒です。
4 分は 1 分の 4 つ分なので、
60 秒＋60 秒＋60 秒＋60 秒＝240 秒です。

20ページ 練習のワーク

❶ ❶ 午後 4 時 20 分　　❷ 午前 10 時 50 分

❷ ❶ 1 時間 40 分（100 分）❷ 1 時間 50 分（110 分）
❸ 3 時間 5 分（185 分）❹ 50 分

❸ 2 時間

❹ ❶ 60　　　　　　　❷ 1、50
❸ 100　　　　　　　❹ 2、5
❺ 300　　　　　　　❻ 2、30

てびき ❷❷ 午後 6 時 40 分から 20 分後の時
こくが午後 7 時、午後 7 時から 1 時間 30 分
後の時こくが午後 8 時 30 分です。
❸ 45 分と 20 分で 65 分。1 時間＝60 分な
ので、2 時間 65 分＝3 時間 5 分です。

21ページ まとめのテスト

❶ ❶ 時間　　❷ 秒　　　❸ 分

❷ ❶ 午後 4 時 10 分　　❷ 午前 10 時 40 分

❸ ❶ 1 時間 5 分（65 分）❷ 40 分
❸ 40 分　　　　　　❹ 1 時間 50 分（110 分）

---

④ ❶ 3、20　　　　　　❷ 360

⑤ 午前 9 時 40 分

てびき ④❶ 1 分＝60 秒です。200 秒は、
60 秒が 3 つ分と 20 秒なので、3 分 20 秒で
す。
❷ 6 分は 1 分の 6 つ分なので、
60 秒＋60 秒＋60 秒＋60 秒＋60 秒
＋60 秒＝360 秒です。
⑤ ゆりさんが家を出たのは、午前 10 時 25 分
の 45 分前の時こくです。

22・23ページ きほんのワーク

きほん1 6、18、3、6　　　　　　答え 6

① ❶ 10÷5　　　　　　❷ 8÷4

きほん2 20、20、5　　　　　　答え 5

② 式 32÷8＝4　　　　　答え 4 cm

③ 式 42÷7＝6　　　　　答え 6 こ

きほん3 30、30、6　　　　　　答え 6

④ 式 54÷9＝6　　　　　答え 6 ふくろ

⑤ ❶ だん 2 のだん　　　　　答え 8
❷ だん 4 のだん　　　　　答え 7
❸ だん 7 のだん　　　　　答え 8

⑥ （れい）
・色紙が 36 まいあります。4 人で同じまい数ず
つ分けると、1 人分は何まいになりますか。
・色紙が 36 まいあります。1 人に 4 まいずつ分
けると、何人に分けられますか。

てびき ②32÷8 の答えは、
□×8＝32 の□にあてはまる数なので、
8 のだんの九九でもとめられます。
④54÷9 の答えは、
9×□＝54 の□にあてはまる数なので、
9 のだんの九九でもとめられます。
⑥1 つ分がいくつかをもとめるわり算の式になる
問題か、4 がいくつ分あるかをもとめるわり算
の式になる問題を考えましょう。

24・25ページ きほんのワーク

きほん1 0、6　　　　　　　　答え 0、6

① ❶ 式 12÷6＝2　　　　答え 2 まい
❷ 式 6÷6＝1　　　　答え 1 まい
❸ 式 0÷6＝0　　　　答え 0 まい

2 ❶ | ❷ | ❸ |
❹ 0 ❺ 0 ❻ 0
❼ 6 ❽ 5
3 式 $9÷1=9$　　　　　　　　　答え 9本
4 式 $8÷8=1$　　　　　　　　　答え |こ
5 (れい)
・5このみかんを、|つのふくろに入れます。|
ふくろのみかんは何こですか。
・5このみかんを、|ふくろに|こずつ入れると、
何ふくろできますか。

てびき **2**❶~❸ わられる数とわる数が同じ数
のとき、わり算の答えは、|になります。
❹~❻ 0を、0でない数でわると、答えは0
になります。
❼❽ どんな数を|でわっても、答えはわられ
る数と同じになります。

26ページ 練習のワーク❶
1 式 $24÷4=6$　　　　　　　答え 6本
2 式 $36÷9=4$　　　　　　　答え 4人
3 ❶ 0 ❷ 0 ❸ 0
❹ 8 ❺ 7 ❻ 3
❼ | ❽ | ❾ |
4 式 $7÷7=1$　　　　　　　　答え |こ

てびき **1** |人分は何本かをもとめるので、わ
り算を使います。
2 何人に分けられるかをもとめるので、わり算
を使います。

たしかめよう!
3 ❶~❸ 0を、0でない数でわると、答えは0
になります。
❹~❻ どんな数を|でわっても、答えはわられ
る数と同じになります。
❼~❾ わられる数とわる数が同じ数のとき、わり
算の答えは|になります。

27ページ 練習のワーク❷
1 式 $35÷7=5$　　　　　　　答え 5こ
2 式 $40÷5=8$　　　　　　　答え 8人
3 式 $64÷8=8$　　　　　　　答え 8人
4 ❶ 式 $42÷6=7$　　　　　答え 7dL
❷ 式 $42÷6=7$　　　　　答え 7人
5 ❶ 0 ❷ 2 ❸ |

てびき **1** |人分は何こかをもとめるので、わ
り算を使います。
2❷❸ 何人に分けられるかをもとめるので、わり
算を使います。
4❶ |人分をもとめる問題です。
❷ 何人に分けられるかをもとめる問題です。

28ページ まとめのテスト❶
1 ❶ 5 ❷ 9 ❸ 4
❹ 0 ❺ 6 ❻ 4
❼ 7 ❽ 9 ❾ 5
❿ | ⓫ 5 ⓬ 6
2 式 $72÷9=8$　　　　　答え 8ページ
3 式 $54÷6=9$　　　　　　答え 9たば
4 式 $48÷8=6$　　　　　　答え 6まい

てびき **2** □×9=72 の□にあてはまる数をも
とめます。
3 6×□=54 の□にあてはまる数をもとめま
す。

29ページ まとめのテスト❷
1 ❶ 式 $8÷8=1$　　　　　　答え |こ
❷ 式 $8÷1=8$　　　　　　答え 8こ
2 式 $81÷9=9$　　　　　　答え 9cm
3 式 $56÷7=8$　　　　　　答え 8人
4 式 $25÷5=5$　　　　　　答え 5まい

てびき **1**❶ わられる数とわる数が8で同じな
ので、わり算の答えは|になります。
❷ 8を|でわるので、答えはわられる数と同
じ8です。
2 |人分の長さをもとめるので、全部の長さを
人数9でわります。
3 |つのグループの人数をもとめるので、全部
の子どもの人数をグループの数7でわります。
4 色紙は5色あるので、全部の色紙のまい数を
5でわります。

6 わり算をもっと考えよう

30・31ページ きほんのワーク
きほん1 3、4、12、12、|、|、15、13、2、2、
4、13÷3=4あまり|　　　答え 4、|
1 ❶ わりきれる ❷ わりきれない

6

③ わりきれない　　　④ わりきれる
⑤ わりきれない　　　⑥ わりきれる
⑦ わりきれない　　　⑧ わりきれない

きほん2 6、1　　　　　　　　　　答え 6、1

❷ ❶ 9 あまり 2　　　❷ ○
③ 5 あまり 8　　　④ 5 あまり 3
⑤ 6 あまり 7　　　⑥ 7

❸ 式 54÷7＝7 あまり 5
　　　　　　答え 7 こになって、5 こあまる。

❹ 式 75÷9＝8 あまり 3
　　　　　答え 8 ふくろに分けられて、3 こあまる。

てびき ❷❶、❹は、あまりがわる数より大き
いのでまちがいです。

32・33
ページ きほんのワーク

きほん1 32、5、6、2、1、7　　　　　　答え 7
❶ 式 29÷4＝7 あまり 1
　　　7＋1＝8　　　　　　　　　答え 8 ふくろ
❷ 式 58÷6＝9 あまり 4
　　　9＋1＝10　　　　　　　　　答え 10 台
❸ 式 57÷7＝8 あまり 1
　　　8＋1＝9　　　　　　　　　答え 9 回
きほん2 26、8、3、2、3、2　　　　　答え 3
❹ 式 38÷4＝9 あまり 2　　　　答え 9 さつ
❺ 式 54÷8＝6 あまり 6　　　　答え 6 つ
❻ 式 23÷6＝3 あまり 5　　　　答え 3 回
❼ 式 19÷4＝4 あまり 3　　　　答え 4 まい

てびき ❶ 7 ふくろだと、あまりの 1 まいのクッ
キーが入れられないので、ふくろはもう 1 ふく
ろひつようです。
❷ 長いすが 9 台だと、あまりの 4 人がすわれな
いので、長いすはもう 1 台ひつようです。
❸ 運ぶ回数が 8 回だと、あまりの 1 この荷物が運
べないので、もう 1 回運ぶひつようがあります。
❹ あまりが 2 というのは、あいているはばが
2cm あるということです。このはばに、あつ
さ 4cm の本は立てられません。問題をよく読
んで、あまりをどうするのか考えましょう。

34
ページ 練習のワーク

❶ ❶ ○　　　❷ 7 あまり 2
❷ ❶ 4 あまり 3　　　❷ 8 あまり 6
③ 8 あまり 1　　　④ 5 あまり 1
⑤ 6 あまり 1　　　⑥ 8 あまり 3

❸ 式 49÷5＝9 あまり 4
　　　　　　答え 9 こになって、4 こあまる。
❹ 式 60÷8＝7 あまり 4
　　　7＋1＝8　　　　　　　　　答え 8 まい
❺ 式 37÷6＝6 あまり 1　　　　答え 6 箱

てびき ❶❷ あまりがわる数の 8 より大きいの
でまちがいです。
❹ 画用紙が 7 まいだと、あまりの 4 まいのカー
ドが作れないので、画用紙はもう 1 まいひつよ
うです。

35
ページ まとめのテスト

1 ❶ 5 あまり 7　　　❷ 1 あまり 4
③ 9 あまり 7　　　④ 8 あまり 1
⑤ 5 あまり 5　　　⑥ 9 あまり 2
⑦ 9 あまり 7　　　⑧ 2 あまり 1
⑨ 8 あまり 2

2 式 31÷4＝7 あまり 3
　　　　　答え 7 人に分けられて、3 こあまる。

3 式 67÷9＝7 あまり 4
　　　　　　答え 7 本になって、4 本あまる。

4 式 58÷7＝8 あまり 2
　　　8＋1＝9　　　　　　　　　答え 9 日

5 式 40÷6＝6 あまり 4　　　　答え 6 本

てびき 4 あまりの 2 題をとくのに、もう 1 日
ひつようです。
5 あまりの 4dL は考えなくてよいので、答えは
6 本になります。

7 まるい形を調べよう

36・37
ページ きほんのワーク

きほん1 2、10、⑦　　　　　　　答え 10、⑦
❶ ❶ 14
　　❷ 8
きほん2 答え

❷ しょうりゃく
きほん3 答え

2cm
├────┼────┼────┼────┤

❸ ❶

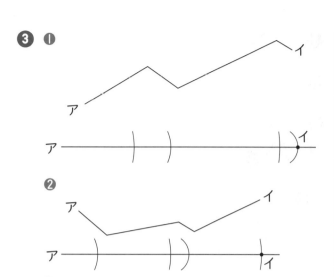

❷

き

ほ

ん4　球　　　　　　　　　　　　　　答え ⓘ

❹ ❶ 円　　　　❷ 6　　　　❸ 10

てびき ❷❸ 半径が 4cm の円になります。
❸ コンパスは、円をかくだけでなく、長さを写し取るときにも使えます。
❹❷❸ 円と同じように、球の直径の長さも、半径の長さの 2 倍です。

38ページ　練習のワーク

❶ ❶ 2　　　　❷ 円　　　　❸ 18
　❹ 16　　　　❺ 7
❷ ❶ ウ、カ、サ　　　　❷ イ、ク
❸ 6cm
❹ 24cm

てびき ❷❶ アの点を中心にして、半径が 2cm 5mm の円をかき、この円のまわりの上にある点をさがします。
❷ アの点を中心にして、半径が 3cm の円をかき、この円の外がわにある点をさがします。
❸ 大きい円の直径は 18cm で、この長さが、小さい円の直径の長さの 3 こ分にあたります。
❹ 8×3＝24 より、24cm

39ページ　まとめのテスト

❶ 6 こ
❷ ❶ 20cm
　❷ 4cm
❸ ❶ 5cm
　❷ 15cm

❹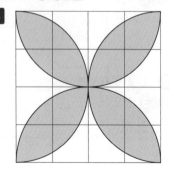

てびき ❶ 円の直径は 6cm になるので、18÷6＝3 より、横に 3 こ、12÷6＝2 より、たてに 2 こかけます。

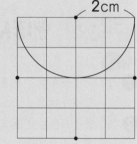

❷ ❶ アイの直線の長さは、直径が 8cm の円の半径 5 こ分の長さなので、4×5＝20 より、20cm になります。
❷ ウエの直線の長さは、直径が 8cm の円の半径の長さです。
❸ ❶ 10÷2＝5 より、5cm です。
❷ ㋐の長さはボールの直径 3 こ分の長さなので、5×3＝15 より、15cm になります。
❹ ・の点を中心にして、半径が 2cm の円の半分を 4 つ、コンパスでかきます。

---

⑧ かけ算のしかたを考えよう

40・41ページ　きほんのワーク

きほん1　30、2、6、6、400、4、3、12、12
　　　　　　　　　　　　　　　　　答え 60、1200
❶ ❶ 480　　　❷ 350　　　❸ 2800
　❹ 4800
きほん2　34、2
　　　 8 ➡ 6　　　　　　　　　　　答え 68

❷ ❶　　23　　❷　　31　　❸　　33　　❹　　11
　　　×　2　　　×　3　　　×　2　　　×　6
　　　　46　　　　93　　　　66　　　　66
　❺　　42
　　　×　2
　　　　84

❸ 式 21×4＝84　　　　　　　　答え 84cm
きほん3　3 ➡ 4、1　　　　　　　答え 413

❹ ❶　　24　　❷　　35　　❸　　82　　❹　　31
　　　×　4　　　×　2　　　×　4　　　×　9
　　　　96　　　　70　　　328　　　279
　❺　　64　　❻　　89　　❼　　29　　❽　　34
　　　×　5　　　×　7　　　×　4　　　×　3
　　　320　　　623　　　116　　　102
　❾　　78　　❿　　58
　　　×　8　　　×　7
　　　624　　　406

❺ 式 94×8＝752　　　　　　　答え 752 こ

てびき
③ 正方形は4つの辺の長さが全部等しい四角形だから、(まわりの長さ)=(1つの辺の長さ)×4です。

$$\begin{array}{r} 21 \\ \times\ 4 \\ \hline 84 \end{array}$$

⑤ (全部の数)=(1回に運ぶ数)×(回数)

$$\begin{array}{r} 94 \\ \times\ 8 \\ \hline 752 \end{array}$$

42・43ページ きほんのワーク

きほん1 213
9 ➡ 3 ➡ 6　　答え 639

① ① $131 \times 3 = 393$　② $221 \times 4 = 884$　③ $233 \times 3 = 699$
④ $314 \times 2 = 628$　⑤ $423 \times 2 = 846$　⑥ $111 \times 8 = 888$
⑦ $403 \times 2 = 806$

② 式 $222 \times 3 = 666$　　答え 666 mL

きほん2 5 ➡ 9 ➡ 7　　答え 795

③ ① $215 \times 4 = 860$　② $379 \times 2 = 758$　③ $173 \times 9 = 1557$
④ $503 \times 7 = 3521$

④ 式 $420 \times 5 = 2100$　　答え 2100円

きほん3 2、160、160、160、4、640、640
2、8、8、8、640、640　　答え 640

⑤ ① 360　　② 1260

てびき
② (全部のジュースのかさ)=(1本のジュースのかさ)×(本数)　$222 \times 3 = 666$
④ (代金)=(1このねだん)×(買う数)　$420 \times 5 = 2100$
⑤ ① $60 \times 3 \times 2$
　　$= 60 \times (3 \times 2)$
　　$= 60 \times 6 = 360$
② $315 \times 2 \times 2$
　　$= 315 \times (2 \times 2)$
　　$= 315 \times 4 = 1260$

44ページ 練習のワーク

① ① 280　② 250　③ 720　④ 1200　⑤ 1600　⑥ 3600
② ① $73 \times 6 = 438$　② $402 \times 3 = 1206$

---

③ ① 108　② 368　③ 360　④ 865　⑤ 4130　⑥ 2310
④ 式 $26 \times 9 = 234$　　答え 234まい
⑤ 式 $620 \times 5 = 3100$　　答え 3100円

てびき
② ① 「六七42」の42は位をずらして書くのではなく、42にくり上げた1をたした43を百の位と十の位に書きます。
② かけられる数の十の位に0があるときは、かけた0を書きわすれないように注意します。
③ ① $36 \times 3 = 108$　② $92 \times 4 = 368$　③ $45 \times 8 = 360$
④ $173 \times 5 = 865$　⑤ $590 \times 7 = 4130$　⑥ $385 \times 6 = 2310$
④ (全部のまい数)=(1たばのまい数)×(たばの数)　$26 \times 9 = 234$
⑤ (代金)=(1このねだん)×(買う数)　$620 \times 5 = 3100$

45ページ まとめのテスト

1 ① 180　② 62　③ 70
④ 528　⑤ 230　⑥ 296
⑦ 207　⑧ 4200　⑨ 486
⑩ 3928　⑪ 2781　⑫ 5080
⑬ 2520　⑭ 3300

2 式 $400 \times 8 = 3200$　　答え 3200円
3 式 $16 \times 9 = 144$　　答え 144ページ
4 式 $217 \times 4 = 868$　　答え 868m

てびき
1 ① $90 \times 2 = 180$　② $31 \times 2 = 62$　③ $14 \times 5 = 70$
④ $88 \times 6 = 528$　⑤ $46 \times 5 = 230$　⑥ $37 \times 8 = 296$
⑦ $69 \times 3 = 207$　⑧ $600 \times 7 = 4200$　⑨ $243 \times 2 = 486$
⑩ $982 \times 4 = 3928$　⑪ $309 \times 9 = 2781$　⑫ $635 \times 8 = 5080$
⑬ $420 \times 6 = 2520$　⑭ $825 \times 4 = 3300$
2 (代金)=(1まいのねだん)×(買う数)　$400 \times 8 = 3200$

3 （全部のページ数）
　　＝（１日に読むページ数）×（日数）

$$\begin{array}{r} 16 \\ \times\ \ 9 \\ \hline 144 \end{array}$$

4 （走った長さ）
　　＝（１しゅうの長さ）×（回った数）

$$\begin{array}{r} 217 \\ \times\ \ 4 \\ \hline 868 \end{array}$$

⑨ 九九でもとめられないわり算のしかたを考えよう

46 ページ きほんのワーク

きほん1 6、3、3、30、
　　　　6、20、2、20、2、22　　　　答え 30、22

❶ ❶ 10　　　❷ 10　　　❸ 10
　　❹ 34　　　❺ 31　　　❻ 11

❷ 式 90÷9＝10　　　　答え 10 ふくろ

❸ 式 99÷9＝11　　　　答え 11 本

47 ページ まとめのテスト

❶ ❶ 10　　　❷ 10　　　❸ 10
　　❹ 11　　　❺ 23　　　❻ 22
　　❼ 11　　　❽ 11　　　❾ 12
　　❿ 41　　　⓫ 34　　　⓬ 21

❷ 式 80÷4＝20　　　　答え 20 人

❸ 式 93÷3＝31　　　　答え 31 こ

❹ 式 84÷4＝21　　　　答え 21 箱

てびき **❶** ❻ 88 を 80 と 8 に分けて考えます。
　　80÷4＝20 ┐
　　　8÷4＝ 2 ┘→22
　　❾ 36 を 30 と 6 に分けて考えます。
　　30÷3＝10 ┐
　　　6÷3＝ 2 ┘→12

⑩ 大きな数のしくみを調べよう

48・49 ページ きほんのワーク

きほん1 答え 25678、二万五千六百七十八

❶ ❶ 七万九千二十五
　　❷ 32540

きほん2 答え 1、4、6、3、8、2、
　　　　　千四百六十三万八千二十

❷ ❶ 9、3814
　　❷ 2705 万（27050000）
　　❸ 49000
　　❹ 18

❺ 10
❻ 1億（100000000）
❼ 10234567

きほん3 10000
　　　　答え 20000、150000、280000、
　　　　　　　430000

❸ ❶ 1000
　　❷ ㋐ 8000　　　　　㋑ 25000
　　㋒ 42000
　　❸

```
0    10000  20000  30000  40000  50000
├──┼──┼──┼──┼──┼──┼──┼──┼──┤
      ㋐           ㋑(32000)  ㋒
```

てびき **❶** 大きな数を読んだり、漢字で書いたりするときは、一の位から 4 けたごとに区切るとわかりやすくなります。

❷ ❸ 49＝40＋9
　　1000 を 40 こ集めた数は　　40000
　　1000 を　9 こ集めた数は　　 9000
　　　　　　合わせると　　　　49000

❹ 18000 → 18000 は 1000 を 18 こ集めた数です。

50・51 ページ きほんのワーク

きほん1 答え ＞

❶ ❶ ＞　　❷ ＜　　❸ ＝　　❹ ＞

きほん2 600、50、650　　　　答え 650

❷ ❶ 900　　　❷ 580　　　❸ 770
　　❹ 1900　　❺ 8000　　❻ 2140

❸ ❶ 6500、65000
　　❷ 9000、90000
　　❸ 19000、190000
　　❹ 80000、800000

きほん3 24　　　　　　　　　　　答え 24

❹ ❶ 5　　　❷ 73　　　❸ 60
　　❹ 31　　　❺ 480

❺ ❶ 20200、202000、2020000、202
　　❷ 4700、47000、470000、47

てびき **❶** ❸ 9999＋1＝10000
❷ ある数を 10 倍すると、位が 1 つ上がり、もとの数の右に 0 を 1 こつけた数になります。
❸ ある数を 100 倍すると、位が 2 つ上がり、もとの数の右に 0 を 2 こつけた数になります。
❹ 一の位に 0 のある数を 10 でわると、位が 1 つ下がり、一の位の 0 をとった数になります。

52 ページ 練習のワーク

❶ ❶ 9、8　　　　❷ 100000000

❷ ❶ ㋐ 265000　　　㋑ 272000
　　㋒ 292000

　❷ 260000　270000　280000　290000
　　（グラフ）
　　　　　㋐　　㋑　　　　　　　㋒
　　　　（274000）　　　（289000）

❸ ❶ ＞　　❷ ＜　　❸ ＞　　❹ ＞

❹ 6300、63000、63

❺ ❶ 57　　❷ 5、7　　❸ 3000
　❹ 570000

> **てびき** ❷一番小さい１目もりは、10こで
> 10000になる数だから、1000を表していま
> す。
> ❸❸ 4500＋900＝5400
> 5400のほうが5000より大きい数です。
> ❹ 285万＋14万＝299万なので、300万
> のほうが大きい数です。
> ❺❹ 一の位の0をとって57000になる数な
> ので、570000です。

53 ページ まとめのテスト

1 ❶ 79000000　　❷ 2006000
　❸ 6000

2 ㋐ 480000　㋑ 500000　㋒ 7500万
　㋓ 9000万　㋔ １億

3 ❶ ＞　　❷ ＜　　❸ ＝

4 ❶ 70000　❷ 30000　❸ 970

5 式 7200÷10＝720　　答え 720まい

> **てびき** 1❶ 79＝70＋9
> 100万を70こ集めた数は　7000万
> 100万を　9こ集めた数は　　900万
> 　　　　合わせて　　7900万
> 数字で書くと 79000000
> 2 上の数直線の１目もりは10000、下の数直
> 線の１目もりは500万を表します。
> ㋔ 9500万より500万大きい数は、１億で
> す。
> 3❷ けた数がちがうので、気をつけましょう。
> 5 10このたばに分けたので、１たばのまい数は
> 7200まいを10でわった数になります。

11 新しい数の表し方を調べよう

54・55 ページ きほんのワーク

きほん1 3、0.3、1.3　　　　　答え 1.3

❶ ❶ 0.8L　　❷ 1.7L　　❸ 0.1L
　❹ 1.9L

きほん2 0.1、0.9、3.9　　　　答え 3.9

❷ ㋐ 0.8cm　　㋑ 4cm　　㋒ 8.4cm
　㋓ 13.7cm

きほん3 0.6　　　　　答え 0.6、1.5、3.9

❸ 0　　　　　1　　　　　2　　　　　3
　（数直線）
　　　　　㋐　　㋑　　　　　　㋒㋓

きほん4 6、3、9
　　　6、3、3　　　　　答え 0.9、0.3

❹ ❶ 0.7　　❷ 1.5　　❸ 0.2　　❹ 0.2

> **てびき** ❷ １cmを10等分した長さは１mm
> で、cmの単位で表すと0.1cmになります。
> ㋐ 8mmなので、0.8cmです。
> ㋒ 8cmと4mmなので、8.4cmです。
> ❸ 0から１の目もりを10等分しているので、
> 一番小さい目もりは0.1を表しています。
> ㋐ 0.5は、小さい目もり5つ分です。
> ㋑ 1.1は、１と小さい目もり１つ分です。
> ❹ 0.1のいくつ分かを考えます。
> ❹ １は0.1の10こ分、0.8は0.1の8こ分
> なので、10－8＝2より、１－0.8は0.1の
> 2こ分になります。

56・57 ページ きほんのワーク

きほん1 4、2 ➡. 　8、0　　　答え 4.2、8

❶ ❶ 4.8　　❷ 4.7　　❸ 6.5
　❹ 7.1　　❺ 9.3　　❻ 7.5
　❼ 23.9　❽ 7　　　❾ 40

きほん2 2、8 ➡. 　3、6 ➡. 　答え 2.8、3.6

❷ ❶ 1.5　　❷ 2.3　　❸ 3.6
　❹ 0.5　　❺ 7.5　　❻ 1.2
　❼ 2.6　　❽ 4

❸ ❶ 4、3　❷ 43　❸ 0.7　❹ 0.3

> **てびき** ❶ 位をそろえて書き、整数のたし算と
> 同じように計算して、上の小数点にそろえて、
> 答えの小数点をうちます。
> ❻ 4は4.0と考えて計算します。
> ❼ 22は22.0と考えて計算します。

❽❾ 答えの小数第一位が0になったときは、0と小数点を消します。

```
①   0.3      ②   1.5      ③   2.6
  + 4.5        + 3.2        + 3.9
  ─────        ─────        ─────
    4.8          4.7          6.5

④   1.4      ⑤   6.8      ⑥   4
  + 5.7        + 2.5        + 3.5
  ─────        ─────        ─────
    7.1          9.3          7.5

⑦   1.9      ⑧   2.3      ⑨  39.8
  + 22         + 4.7        +  0.2
  ─────        ─────        ─────
   23.9          7.0         40.0
```

❷ 位をそろえて書き、整数のひき算と同じように計算して、上の小数点にそろえて、答えの小数点をうちます。

❹ 計算をして、小数第一位に数はあるのに、一の位に数がないときは、0を書いてから、小数点をうちます。

❻ 4は4.0と考えて計算します。

❽ 答えの小数第一位が0になったときは、0と小数点を消します。

```
①   4.7      ②   6.8      ③   9.2
  - 3.2        - 4.5        - 5.6
  ─────        ─────        ─────
    1.5          2.3          3.6

④   2.4      ⑤  11.2      ⑥   4
  - 1.9        -  3.7        - 2.8
  ─────        ─────        ─────
    0.5          7.5          1.2

⑦   7.6      ⑧   8.3
  - 5          - 4.3
  ─────        ─────
    2.6          4.0
```

✌ たしかめよう！

〈小数のたし算の筆算〉
1 位をそろえて書く。
2 整数のたし算と同じように計算する。
3 上の小数点にそろえて、答えの小数点をうつ。

〈小数のひき算の筆算〉
1 位をそろえて書く。
2 整数のひき算と同じように計算する。
3 上の小数点にそろえて、答えの小数点をうつ。

58 ページ　練習のワーク

❶ ① 1　　② 14　　③ 30.5
　 ④ 6.4　　⑤ 7.3　　⑥ 7
❷ ⑦ 2.2　　⑦ 4.5　　⑦ 6.1
❸ ① <　　② >　　③ >　　④ <
❹ ① 6.4　　② 8.5　　③ 7
　 ④ 0.7　　⑤ 3　　⑥ 7.2

➡ てびき

❶ ⑥ 0.1cm＝1mm だから、0.7cm は mm の単位で表すと 7mm です。

---

❸ それぞれの数が、0.1のいくつ分かを考えて、大きさをくらべます。

❹❷ 6は6.0と考えて計算します。
　❻ 8は8.0と考えて計算します。

```
①   4.6      ②   2.5      ③   6.3
  + 1.8        + 6          + 0.7
  ─────        ─────        ─────
    6.4          8.5          7.0

④   1.6      ⑤   5.6      ⑥   8
  - 0.9        - 2.6        - 0.8
  ─────        ─────        ─────
    0.7          3.0          7.2
```

59 ページ　まとめのテスト

❶ ① 7.4　　② 2.5　　③ 9
　 ④ 5、4　　⑤ 0.8
❷ ① 2.9　　② 8.2　　③ 9.1
　 ④ 35.8　　⑤ 25　　⑥ 7.2
　 ⑦ 1.3　　⑧ 6.2　　⑨ 9
❸ 式 7.3＋4.9＝12.2　　　答え 12.2cm
❹ 式 3.4－1.8＝1.6
　　　　　　答え やかんが、1.6L 多く入る。
❺ 式 1.6－0.9＝0.7　　　　答え 0.7m

➡ てびき

❷ ④ 32は32.0と考えて計算します。

⑤⑨ 答えの小数第一位が0になったときは、0と小数点を消します。

```
①   0.3      ②   4.7      ③   5.2
  + 2.6        + 3.5        + 3.9
  ─────        ─────        ─────
    2.9          8.2          9.1

④  32        ⑤  24.1      ⑥   7.6
  +  3.8       +  0.9        - 0.4
  ─────        ─────        ─────
   35.8         25.0          7.2

⑦   6.2      ⑧   9        ⑨  14.5
  - 4.9        - 2.8        -  5.5
  ─────        ─────        ─────
    1.3          6.2          9.0
```

12 長い物の長さを調べよう

60・61 ページ　きほんのワーク

きほん1 ⑦、⑦、⑦　　　答え ⑦、⑦、⑦、⑦
❶ ものさし……⑦、⑦
　 まきじゃく…⑦、⑦、⑦
❷ ⑦ 4m85cm　　　⑦ 7m10cm
　 ⑦ 7m22cm　　　⑦ 9m79cm
　 ⑦ 9m96cm
きほん2 1、600　　　　　　答え 1、600
❸ ① 6　　　② 5、200
　 ③ 7800　　④ 3040
きほん3 1、800　　　　　　答え 1、800

12

④ ❶ 道のり…1km400m
　　きょり…1km100m
　　❷ 300m

てびき ❶ ⑦、㋺のように1mより長い物や、㋩のようにまるい物のまわりの長さをはかるときは、まきじゃくを使うとべんりです。
❷ 10cmを10等分する目もりがついているから、1目もりは1cmを表しています。
❸ 1km=1000mを使います。
　❷ 5200m=5000m+200m=5km200m
　❹ 3km40m=3000m+40m=3040m
❹❶ たかしさんの家から学校までの道のりは、
　800m+600m=1400m
　1400m=1km400m です。
　たかしさんの家から学校までのきょりは、
　1100m=1km100m です。
　❷ 1km400m−1km100m=300m

☞ たしかめよう！
道にそってはかった長さが「道のり」で、まっすぐにはかった長さが「きょり」です。

62 ページ 練習のワーク
❶ ❶ km　❷ mm　❸ cm　❹ m
❷ ❶ 8　　　　　❷ 5
　❸ 2、500　　❹ 6、520
　❺ 3、840　　❻ 7、50
　❼ 4000　　　❽ 7000
　❾ 2300　　　❿ 5030
　⓫ 8800　　　⓬ 9006
❸ ❶ 1km250m　❷ 500m

てびき ❸❶ ふみやさんの家から図書館まで、まっすぐにはかった長さが「きょり」です。
❷ 学校の前を通るときの道のりは、
　1km100m=1100mだから、
　1100m+950m=2050m
　ゆうびん局の前を通るときの道のりは、
　750m+800m=1550m
　道のりのちがいは、
　2050m−1550m=500m です。

63 ページ まとめのテスト
❶ ❶ 9　　　　　❷ 2、800
　❸ 4、350　　❹ 6000

⑤ 5110　　　　　⑥ 7023
⑦ 2003　　　　　⑧ 5、9
② ⑦ 4m97cm　　　④ 5m20cm
　㋑ 5m42cm　　　㋐ 5m59cm
③ ❶ 2km100m　　❷ 2km100m
　❸ 350m

てびき ① 1km=1000mを使います。
② 10cmを10等分する目もりがついているから、1目もりは1cmを表しています。
③❶ きょりは、まっすぐにはかった長さです。
❷ 1km200m+900m=1km1100m
　=2km100m
❸ やすとさんの家から公園までの道のりは、
　1km200m+850m=1km1050m
　道のりときょりのちがいは、
　1km1050m−1km700m=350m

13 分数について考えよう

64・65 ページ きほんのワーク
きほん❶ $\frac{1}{4}$、$\frac{3}{4}$　　　　　　答え $\frac{1}{4}$、$\frac{3}{4}$
❶ ❶ 2つ分、$\frac{2}{3}$m　❷ 4つ分、$\frac{4}{8}$m
❷ ❶ 3つ分、$\frac{3}{8}$L　❷ 2つ分、$\frac{2}{6}$L
❸ ❶ 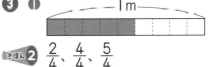　　❷
きほん❷ $\frac{2}{4}$、$\frac{4}{4}$、$\frac{5}{4}$
答え $\frac{2}{4}$、$\frac{4}{4}$、$\frac{5}{4}$
❹ ❶ $\frac{3}{5}$　❷ 5　❸ $\frac{8}{5}$　❹ $\frac{1}{5}$
きほん❸ 0.1、$\frac{1}{10}$
答え 0.2、0.7、$\frac{3}{10}$、$\frac{8}{10}$
❺ 0.1、0.4、$\frac{9}{10}$、0.9

てびき ❸❶ $\frac{5}{9}$mは、1mを9等分した長さの5つ分の長さなので、左から5つ分に色をぬります。
❷ $\frac{4}{7}$Lは、1Lを7等分したかさの4つ分のかさなので、下から4つ分に色をぬります。

66・67 ページ きほんのワーク
きほん❶ 2、2、5、5、7、7　　　答え $\frac{7}{10}$

13

① ① $\frac{3}{4}$　② $\frac{5}{6}$　③ $\frac{3}{5}$

　④ １　⑤ １　⑥ $\frac{5}{7}$

　⑦ １

② 〔式〕$\frac{3}{8}+\frac{4}{8}=\frac{7}{8}$　　　　　　　答え $\frac{7}{8}$ m

きほん２　6、6、4、4、2、2　　　　　　答え $\frac{2}{7}$

③ ① $\frac{2}{6}$　② $\frac{1}{5}$　③ $\frac{2}{8}$

　④ $\frac{2}{3}$　⑤ $\frac{1}{4}$　⑥ $\frac{4}{7}$

　⑦ $\frac{1}{2}$

④ 〔式〕$\frac{7}{9}-\frac{5}{9}=\frac{2}{9}$　　　　　　　答え $\frac{2}{9}$ m

⑤ 〔式〕$1-\frac{2}{3}=\frac{1}{3}$　　　　　　　答え $\frac{1}{3}$ L

てびき

① ⑤ $\frac{1}{2}+\frac{1}{2}=\frac{2}{2}=1$ となります。

② 合わせた長さをもとめるので、たし算を使います。

③ ④ $1-\frac{1}{3}=\frac{3}{3}-\frac{1}{3}=\frac{2}{3}$ となります。

　⑤ $1-\frac{3}{4}=\frac{4}{4}-\frac{3}{4}=\frac{1}{4}$ となります。

　⑥ $1-\frac{3}{7}=\frac{7}{7}-\frac{3}{7}=\frac{4}{7}$ となります。

　⑦ $1-\frac{1}{2}=\frac{2}{2}-\frac{1}{2}=\frac{1}{2}$ となります。

④ のこりの長さをもとめるので、ひき算を使います。

⑤ かさのちがいをもとめるので、ひき算を使います。

$1-\frac{2}{3}=\frac{3}{3}-\frac{2}{3}=\frac{1}{3}$ より、$\frac{1}{3}$ L となります。

68ページ 練習のワーク

① ① $\frac{7}{10}$ m　② $\frac{3}{4}$ L　③ $\frac{2}{5}$ L

② ① 4　② $\frac{5}{8}$　③ 2

　④ 8　⑤ １　⑥ $\frac{1}{9}$

③ ① ＜　② ＞　③ ＝

④ ① $\frac{4}{5}$　② $\frac{7}{9}$　③ １

　④ $\frac{8}{10}$　⑤ $\frac{4}{7}$　⑥ $\frac{1}{4}$

　⑦ $\frac{3}{6}$　⑧ $\frac{4}{10}$

てびき

① ① １m を 10 等分した長さの 7 つ分になります。

② １L を 4 等分したかさの 3 つ分になります。

③ １L を 5 等分したかさの 2 つ分になります。

② ② □にあてはまる分数の分母は、8 です。

　④ $\frac{1}{8}$ の 8 つ分は $\frac{8}{8}$ で、分母と分子が同じ数なので、１になります。

　⑤ $\frac{1}{6}$ の 6 つ分は $\frac{6}{6}$ で、分母と分子が同じ数なので、１になります。

③ ③ $\frac{7}{7}$ は１と表せるので、等号が入ります。

④ ③ $\frac{2}{8}+\frac{6}{8}=\frac{8}{8}=1$ となります。

　⑦ $1-\frac{3}{6}=\frac{6}{6}-\frac{3}{6}=\frac{3}{6}$ となります。

69ページ まとめのテスト

① ① $\frac{1}{3}$ m　② $\frac{5}{6}$ L

② ① 5 つ　② 7 つ　③ 8 つ

　④ 9 つ

③ ① ㋐ $\frac{1}{8}$　㋑ $\frac{5}{8}$　㋒ $\frac{7}{8}$　㋓ $\frac{9}{8}$

　②

④ ① ＞　② ＞　③ ＝

⑤ ① 〔式〕$\frac{4}{7}+\frac{2}{7}=\frac{6}{7}$　　　　答え $\frac{6}{7}$ m

　② 〔式〕$\frac{4}{7}-\frac{2}{7}=\frac{2}{7}$　　　　答え $\frac{2}{7}$ m

てびき

② ④ １は $\frac{9}{9}$ と表せるので、$\frac{1}{9}$ を 9 つ集めた数になります。

③ １目もりの大きさを考えましょう。０と１の間が 8 つに等分されているので、１目もりの大きさは $\frac{1}{8}$ です。

　① ㋓ 目もりが 9 つ分なので、$\frac{9}{8}$ になります。

⑤ ① 合わせた長さは、たし算でもとめます。

　② 長さのちがいは、ひき算でもとめます。

14 三角形を調べよう

70・71ページ きほんのワーク

きほん１　い、え、あ、う、お　　　答え い、え、あ

① 二等辺三角形…あ、え

　正三角形…い、か

② ① 二等辺三角形　② 正三角形

14

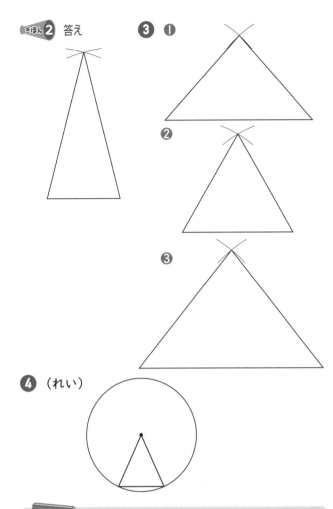

きほん2 答え

❶

② ③

④ (れい)

てびき ❶ あ、えは、2つの辺の長さが等しい三角形です。い、かは、3つの辺の長さが等しい三角形です。辺の長さを調べるときは、コンパスを使うとべんりです。
❷❶ 2つの辺の長さが等しいので、二等辺三角形になります。
❷ 3つの辺の長さが等しいので、正三角形になります。
④ 1つの円では、半径の長さはみんな同じなので、半径を2つの等しい辺とする二等辺三角形がかけます。

72・73ページ きほんのワーク

きほん1 あ、い　　　　答え あ
❶❶ あ
② う(と)え
③ か
④ おとかは、おに○
　 うとかは、うに○
　 うとおは、うに○
❷ い、う、え、お、あ
きほん2 う、お、か（または、う、か、お）
　　　答え う、お、か（または、う、か、お）

③❶ 二等辺三角形
② 正三角形
③ 二等辺三角形 または 直角三角形
きほん3 答え

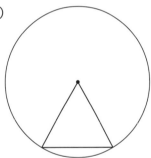

④❶ 二等辺三角形 または 直角三角形
② 正三角形

てびき ❶ 2まいの三角じょうぎの角を重ねて、大きさをくらべましょう。
❷ 角の大きさは、辺の開き具合で決まります。
❸ 同じ形の三角じょうぎをならべているので、❶と❸は2つの辺の長さが等しくなっています。三角じょうぎの角をあてて調べると、❷は3つの角が等しくなっているので、正三角形です。

74ページ 練習のワーク

❶ あ △　　い ×　　う ○　　え △
　 お ×　　か ○
❷ (れい)

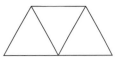

❸ あ、え、う、い
④ 4まい

てびき ❷① 円のまわりに点を1つ決めて半径をひきます。
② コンパスを半径の長さに開きます。
③ ①の点にコンパスのはりをさして、円をかき、円のまわりと交わる点を見つけます。
④ ①の点と③で見つけた点をむすびます。
⑤ ④の線と、2本の円の半径でできる三角形は正三角形になります。
④ しきつめると右のようになります。

まとめのテスト

1 ❶
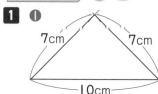
7cm　7cm
10cm
※正しい長さの図形をかきましょう。

❷
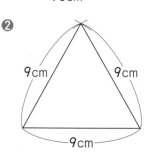
9cm　9cm
9cm
※正しい長さの図形をかきましょう。

2 あ 二等辺三角形
　　 い 二等辺三角形
　　 う 正三角形
3 ❶ 3　　　　　❷ 2　　　　　❸ 2
4 ❶ 正三角形
　　 ❷ あ 4cm　　　 い 4cm

【てびき】**2** 切り開いた図をかくと、次のようになります。
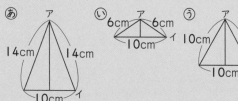
あ
14cm　14cm
10cm　イ
い
ア
6cm　6cm
10cm
イ
う
ア
10cm　10cm
10cm
イ

3 ❶ うの角の大きさは、かの角の大きさと等しいです。三角じょうぎを重ねると、かの角の大きさはいの角3つ分の大きさとわかります。
　　 ❸ かの角の大きさは、うの角の大きさと等しいです。三角じょうぎを重ねると、うの角の大きさはきの角2つ分の大きさとわかります。
4 図の三角形のアイ、イウ、ウアの辺の長さはどれも半径の2つ分で、3つの辺の長さは、全部等しいです。

● 算数たまてばこ

学びのワーク

【きほん】**1** ひき、ー、ー、750、たし、＋、2.7、かけ、×、×、1800、
　　4、2、4、5、750、750、10、75
　　　　　　答え 750、2.7、1800、5、75

1 式 $\frac{1}{7}+\frac{2}{7}=\frac{3}{7}$　　　　答え $\frac{3}{7}$km

---

2 ❶ 式 5×7＝35　　　　　　答え 35こ
　　 ❷ 式 135×5＝675
　　　　　675＋30＝705　　　　答え 705円
　　 ❸ 式 35÷6＝5あまり5
　　　　　答え 5箱できて、5こあまる。

【てびき】**1** 合わせた道のりをもとめるので、たし算で計算します。

15 重さを調べよう

きほんのワーク

【きほん】**1** 590、20、2、1、100
　　　　　　答え 590、1、100
1 ❶ 2　　　 ❷ 4　　　 ❸ 筆箱、2
2 ❶ 890g　　 ❷ 260g　　 ❸ 900g
　　 ❹ 1520g（1kg520g）
【きほん】**2** 1、500、200、1、300　　 答え 1、300
3 式 600g＋2kg300g＝2kg900g
　　　　　　答え 2kg900g
【きほん】**3** 1000、1000、1000
　　　　　　答え 1000、1000、1、1000
4 2t
5 ❶ 1000　 ❷ 1　　 ❸ 1　　 ❹ 1

【てびき】**1** 重さは、もとにした重さのいくつ分で考えます。ここでは、つみ木1この重さをもとにした重さとして考えています。
2 はかりの目もりの大きさに注意して、目もりを読みましょう。
　❶と❷は、一番小さい目もりが5g、❸と❹は一番小さい目もりが20gを表しています。
3 かごの重さと、くりの重さをたして、全体の重さをもとめます。
4 1t＝1000kgです。
5 ❶ 1m＝100cm、
　　　1cm＝10mmより、
　　　1m＝1000mmです。

練習のワーク❶

1 ❶ 筆箱
　　 ❷ セロハンテープ
　　 ❸ はさみとじしゃく
　　 ❹ 60g
2 式 1kg100g−300g＝800g　　答え 800g
3 ❶ kg　　　　　 ❷ t

81ページ 練習のワーク❷

❶ 式 50g+20g+20g+2g+2g+2g=96g
答え 96g

❷ ❶ 5g、465g　　❷ 5g、900g
❸ 20g、1320g（1kg320g）

❸ ❶ ＞　　　　❷ ＞　　　　❸ ＝

❹ 式 200g+2800g=3000g
3000g=3kg
答え 3kg

てびき ❶ てんびんがつりあったので、みかん１この重さと、全部のおもりの重さを合わせた重さが等しくなります。
❸❸ 3t=3000kgなので、3t100kg=3000kg+100kg=3100kgです。
❹ 全体の重さは箱の重さとバナナの重さを合わせた重さです。単位をgからkgになおして答えましょう。

82ページ まとめのテスト

１ ❶ 360g
❷ 1260g（1kg260g）
❸ 780g
❹ 3620g（3kg620g）

２ 3800g、3kg80g、3kg、2800g

３ ❶ 5000　　　❷ 1800
❸ 7　　　　❹ 2、180
❺ 8、20　　　❻ 4060
❼ 1005　　　❽ 5000

４ 式 400g+2kg700g=3kg100g
答え 3kg100g

５ 式 1kg−350g=650g　　答え 650g

てびき **１** 一番小さい目もりは、❶は5g、❷〜❹は20gを表しています。
２ 3kg=3000g　3kg80g=3080gです。単位をそろえてくらべましょう。
４ 400g+2kg700g=2kg1100g
=3kg100g
または、2kg700gをgの単位で表して、
400g+2700g=3100g=3kg100g

とすることもできます。
５ 1kg−350g=1000g−350g=650g

☝たしかめよう！
重さの単位をかくにんしよう。
1kg=1000g　1t=1000kg

● プログラミングにちょうせん！

83ページ 学びのワーク

きほん１ km、m、2、1000、2、2000

てびき ❶ kmの単位をmにへんかんするので、km、mが入ります。
❷ へんかん前は2kmなので、へんかん前の数は2です。
❸ 1km=1000mなので、へんかん前の単位kmをmにへんかんするには、へんかん前の数に1000をかけます。
2km=2000mなので、へんかん前の2kmは2000mにへんかんされます。

16 式の表し方を考えよう

84・85ページ きほんのワーク

きほん１ 25、32、7　　　　　　　　答え 7
❶ ❶ 14+□=21
❷ 式 21−14=7　　　　　　　答え 7（人）

きほん２ 19、46、65　　　　　　　答え 65
❷ 式 □−24=18　　　　　　答え 42（本）

きほん３ 9、72、8　　　　　　　　答え 8
❸ 式 □×2=28　　　　　　答え 14（円）

きほん４ 2、5、10　　　　　　　答え 10
❹ 式 □÷4=8　　　　　　答え 32（まい）

てびき 図に表して考えます。
❶
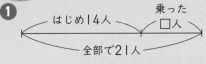
□にあてはまる数は、ひき算でもとめます。
❷

□にあてはまる数は、たし算でもとめます。
18+24=42

❸
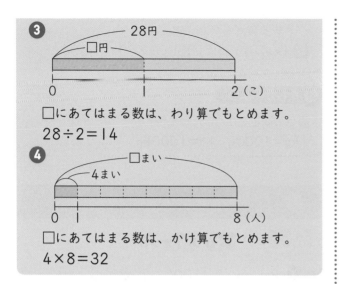
28円
□円
0　　　　　　1　　　　　　2（こ）

□にあてはまる数は、わり算でもとめます。
28÷2＝14

❹
□まい
4まい
0　1　　　　　　　　　　　　8（人）

□にあてはまる数は、かけ算でもとめます。
4×8＝32

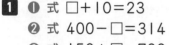**86** ページ　**練習のワーク**

❶ ❶ 式 58＋□＝73　　　　　　　答え 15（箱）
　　❷ 式 □－300＝500　　　　　答え 800（円）
　　❸ 式 □×7＝63　　　　　　　　答え 9（円）
　　❹ 式 □÷4＝2　　　　　　　　　答え 8（m）
❷ ❶ 56　　　　❷ 91　　　　❸ 32
　　❹ 4　　　　　❺ 6　　　　　❻ 20

てびき ❶❶ 今日作った数を□箱とします。
きのうまで　　　　　今日
58箱　　　　　　　　□箱
全部で73箱

□にあてはまる数は、ひき算でもとめます。
73－58＝15
❷ 持っていたお金を□円とします。
持っていた□円
本代　　　　　　のこりのお金
300円　　　　　500円

□にあてはまる数は、たし算でもとめます。
500＋300＝800
❸ 1このねじのねだんを□円とします。□に
あてはまる数は、わり算でもとめます。
63÷7＝9
❹ はじめのテープの長さを□mとします。
□にあてはまる数は、かけ算でもとめます。
2×4＝8

87 ページ　**まとめのテスト**

1 ❶ 式 □＋10＝23　　　　　　答え 13（こ）
　　❷ 式 400－□＝314　　　　　答え 86（まい）
　　❸ 式 150＋□＝700　　　　　答え 550（mL）
　　❹ 式 □×6＝54　　　　　　　答え 9（g）
　　❺ 式 □÷4＝7　　　　　　　答え 28（本）

18

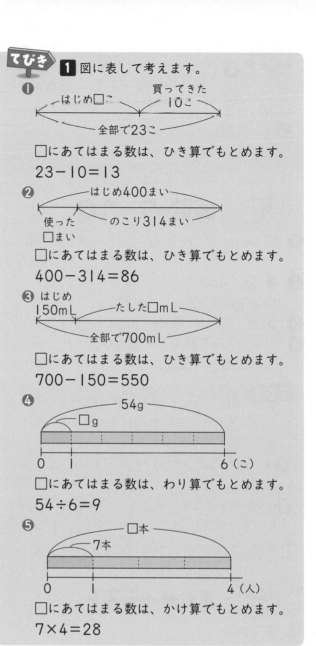
てびき ❶ 図に表して考えます。
❶
はじめ□こ　　買ってきた
　　　　　　　10こ
全部で23こ

□にあてはまる数は、ひき算でもとめます。
23－10＝13
❷
はじめ400まい
使った　　　のこり314まい
□まい

□にあてはまる数は、ひき算でもとめます。
400－314＝86
❸ はじめ
150mL　　たした□mL
全部で700mL

□にあてはまる数は、ひき算でもとめます。
700－150＝550
❹
54g
□g
0　1　　　　　　　　　　6（こ）

□にあてはまる数は、わり算でもとめます。
54÷6＝9
❺
□本
7本
0　1　　　　　　　　　4（人）

□にあてはまる数は、かけ算でもとめます。
7×4＝28

17　2けたの数のかけ算のしかたを考えよう

88・89 ページ　**きほんのワーク**

きほん1 6、20、80、24、104　　　　　答え 104
❶ ❶ 128　　　　❷ 51　　　　❸ 114
　　❹ 252　　　　❺ 162　　　❻ 160
きほん2 18、180、26、260　　　答え 180、260
❷ ❶ 720　　　　❷ 720　　　❸ 2000
　　❹ 900　　　　❺ 32000　　❻ 8400
きほん3 2、6 ➡ 3、9 ➡ 4、1、6
　　4、0、5 ➡ 1、3、5 ➡ 1、7、5、5
　　　　　　　　　　　　　　答え 416、1755
❸ ❶　　23　　❷　　24　　❸　　82
　　　　×13　　　　×34　　　　×59
　　　　　69　　　　　96　　　　738
　　　　23　　　　　72　　　　410
　　　　299　　　　816　　　4838

④
```
    15
  ×63
    45
   90
   945
```
⑤
```
    14
  ×39
   126
    42
   546
```
⑥
```
    38
  ×12
    76
    38
   456
```

④ 式 28×35＝980　　　　　答え 980まい

てびき

❶① 32を位ごとに30と2に分けて、30×4＝120、2×4＝8、合わせて128です。

②〜⑥ 位ごとに、何十の数と一の位の数に分けて、それぞれの数にかける数をかけて、その答えを合わせます。

❷① 8×90の答えは、8×9の答えの10倍だから、72の右に0を1こつけた数になります。

④
```
    28
  ×35
   140
   84
   980
```

90・91 ページ　きほんのワーク

きほん1　4、2、6➡6、3、9➡6、8、1、6
答え 6816

❶①
```
    133
  ×  23
    399
   266
   3059
```
②
```
    343
  ×  12
    686
   343
   4116
```
③
```
     605
  ×   84
    2420
   4840
   50820
```

きほん2　80、10　　　　答え 10

❷① 120　② 1200　③ 1200

きほん3　7、4、7、7、4、7、0⇨7、4、7
3、5、0、4、0、0、4、3、5、0⇨
4、3、5、0　　　　答え 7470、4350

❸① 3150　② 37480　③ 24720
④ 186　⑤ 2700　⑥ 43400
⑦ 3700　⑧ 950

④ 式 508×30＝15240　　答え 15240こ

てびき　❸ くふうして計算します。

①
```
    63
  ×50
  3150
```
②
```
    937
  ×  40
  37480
```
③
```
    309
  ×  80
  24720
```
④
```
    93
  ×  2
   186
```
⑤
```
    45
  ×60
  2700
```
⑥
```
     62
  × 700
  43400
```
⑦ 25×37×4=(25×4)×37
=100×37=3700
⑧ 95×5×2=95×(5×2)
=95×10=950

④ かける数の一の位が0のとき
は、筆算では0をかける計算
をはぶくことができます。
```
    508
  ×  30
  15240
```

---

92 ページ　練習のワーク

❶ ①180　②1500　③350
④ 960　⑤5580　⑥3200

❷①
```
    24
  ×32
    48
   72
   768
```
②
```
    93
  ×47
   651
   372
   4371
```
③
```
    82
  ×65
   410
   492
   5330
```
④
```
    29
  ×30
   870
```
⑤
```
    329
  ×  73
    987
   2303
  24017
```
⑥
```
    419
  ×  28
   3352
   838
  11732
```
⑦
```
    706
  ×  84
   2824
   5648
  59304
```
⑧
```
    304
  ×  50
  15200
```

❸①
```
    28
  ×  9
   252
```
②
```
    54
  ×70
  3780
```
③
```
    632
  ×  80
  50560
```

❹ ① 360　② 1620　③ 900
④ 1600

てびき　❸① かけ算では、かけられる数とかける数を入れかえることができるので、28×9にしてから筆算をします。

② かけられる数とかける数を入れかえてから筆算をします。

0のかけ算は書かずにはぶくことができるので、一の位に0を書いて、次に54×7の計算を十の位から書きます。

❹① 18×4×5=18×(4×5)=18×20
=360
② 27×12×5=27×(12×5)=27×60
=1620
③ 25×9×4=25×4×9=(25×4)×9
=100×9=900
④ 20×16×5=20×5×16
=(20×5)×16=100×16=1600

---

93 ページ　まとめのテスト

1 ① 5520　② 989　③ 560
④ 19943　⑤ 37962　⑥ 54720

2 式 53×27=1431　　答え 14m31cm

3 ① 1610　② 1610　③ 16100

4 ① 6、3
② 3、4、1、1
③ 2、5、1、5、0、1、7、2

てびき

1 ①
$$\begin{array}{r} 92 \\ \times 60 \\ \hline 5520 \end{array}$$

②
$$\begin{array}{r} 23 \\ \times 43 \\ \hline 69 \\ 92 \\ \hline 989 \end{array}$$

③
$$\begin{array}{r} 35 \\ \times 16 \\ \hline 210 \\ 35 \\ \hline 560 \end{array}$$

④
$$\begin{array}{r} 539 \\ \times 37 \\ \hline 3773 \\ 1617 \\ \hline 19943 \end{array}$$

⑤
$$\begin{array}{r} 703 \\ \times 54 \\ \hline 2812 \\ 3515 \\ \hline 37962 \end{array}$$

⑥
$$\begin{array}{r} 608 \\ \times 90 \\ \hline 54720 \end{array}$$

2
$$\begin{array}{r} 53 \\ \times 27 \\ \hline 371 \\ 106 \\ \hline 1431 \end{array}$$

4 このような問題を「虫くい算」といいます。かけ算の九九を使って、□にあてはまる数を考えます。

①
$$\begin{array}{r} ⑦3 \\ \times ⑦2 \\ \hline 126 \\ 189 \\ \hline 2016 \end{array}$$

2×⑦＝12 より、⑦は6
⑦×3＝9 より、⑦は 3 とわかります。

②
$$\begin{array}{r} 47 \\ \times ⑦⑦ \\ \hline 188 \\ ⬜4\ ⬜ \\ \hline ⬜598 \end{array}$$

7のだんの九九で一の位が8になるのは、
7×4＝28 より、⑦は 4、
同じように、7のだんの九九で一の位が1になるのは
7×3＝21 より、⑦は 3 です。

③
$$\begin{array}{r} ⑦⑦ \\ \times 69 \\ \hline 225 \\ ⬜⬜⬜ \\ \hline ⬜⬜⬜5 \end{array}$$

9のだんの九九で一の位が5になるのは、
9×5＝45 より、⑦は 5、
この九九で 4 くり上がるので
22－4＝18 より、
9×⑦＝18 になる数なので、
⑦は 2 です。

18 倍の計算について考えよう

94・95ページ きほんのワーク

きほん1 2、320、320　　答え 320
❶ 式 129×3＝387　　答え 387円
きほん2 7、4、7、4　　答え 4
❷ 式 42÷6＝7　　答え 7倍
❸ 式 45÷5＝9　　答え 9倍
きほん3 4、÷　　答え 8
❹ 式 36÷4＝9　　答え 9オ

---

⑤ 式 80÷4＝20　　答え 20ページ

てびき

❷❸ 何倍になっているかをもとめるときは、わり算を使います。
❹❺ もとにする大きさをもとめるときは、わり算を使います。

96ページ 練習のワーク

❶ 式 46×3＝138　　答え 138m
❷ 式 24÷3＝8　　答え 8倍
❸ 式 36÷6＝6　　答え 6倍
❹ 式 64÷8＝8　　答え 8こ

てびき

❷❸ 何倍かをもとめるときは、わり算を使います。
❹ ともみさんのおはじきの数を□ことすると、
□×8＝64 になるので、
□＝64÷8＝8 ともとめることができます。

97ページ まとめのテスト

❶ 式 7×3＝21　　答え 21本
❷ 式 63÷7＝9　　答え 9倍
❸ 式 27÷9＝3　　答え 3倍
❹ ① 式 12×3＝36　　答え 36m
　② 式 36÷4＝9　　答え 9m

てびき

❷❸ 何倍かをもとめるときは、わり算を使います。
❹① 12mの3倍の長さをもとめるので、
12×3＝36
② 黄色のリボンの長さを□mとすると、
□×4＝36 なので、
□＝36÷4＝9 です。

● そろばん

98・99ページ きほんのワーク

きほん1 2、8、5、4、285.4　　答え 285.4
❶ ① 1701　② 4.6
きほん2 答え 86
❷ ① 79　② 46　③ 139
　④ 142
きほん3 答え 22
❸ ① 25　② 51　③ 44
　④ 43

きほん4 答え 16万、1.7
④ ①12万 ②4万 ③2.3
④1.5

100ページ まとめのテスト

1 ①80629 ②340.7
2 ①8 ②7 ③10
④2 ⑤5 ⑥8
⑦69 ⑧78 ⑨51
⑩16 ⑪24 ⑫28
3 ①11万 ②18万 ③2万
④1.3 ⑤0.4 ⑥0.3

3年のふくしゅう

101ページ まとめのテスト①

1 ①3604000 ②43000
③2.9 ④$\frac{7}{8}$

2
```
   ② ①      ④   ③                    ⑤
0  ↓ ↓      ↓   ↓        2            ↓    3
```

3 ①< ②> ③=
4 ①902 ②7014
③534 ④1378
⑤2072 ⑥21758
⑦5 ⑧8あまり4
⑨32
5 式 85×12=1020　　　　答え 1020円

てびき

1① 0になる位に気をつけましょう。
```
 3000000←百万を3こ
  600000←十万を6こ
    4000←千を4こ
 3604000
```

② 43を40と3に分けて考えます。
1000が40こ…40000
1000が 3こ… 3000 }合わせて43000

2 数直線の一番小さい1目もりは、0と1の間を10等分しているので、小数で表すと0.1、分数で表すと$\frac{1}{10}$の大きさになっています。

3① 小数か分数にそろえて考えます。
$0.6=\frac{6}{10}$ $\left(\frac{7}{10}=0.7\right)$

4①
```
  328
 +574
  902
```
②
```
 4621
+2393
 7014
```
③
```
  902
 -368
  534
```

---

④
```
  6305
 -4927
  1378
```
⑤
```
   74
 ×28
  592
 148
 2072
```
⑥
```
   506
 ×  43
  1518
 2024
 21758
```

⑧ あまりのあるわり算では、あまりがわる数より小さくなることに気をつけます。
⑨ 64を60と4に分けて考えます。
60÷2=30
4÷2= 2 }合わせて32

5
```
    85
  ×12
   170
   85
  1020
```

102ページ まとめのテスト②

1 ①3 ②51、510
③2700、27000、27
④32 ⑤9 ⑥205
2 ①9 ②11.6 ③2.8
④5.3 ⑤$\frac{8}{9}$ ⑥1
⑦$\frac{2}{4}$ ⑧$\frac{5}{6}$
3 ①式 $\frac{1}{8}+\frac{2}{8}=\frac{3}{8}$　　　　答え $\frac{3}{8}$m
②式 $1-\frac{3}{8}=\frac{5}{8}$　　　　答え $\frac{5}{8}$m

てびき

1① 一の位から4けたごとに区切るとわかりやすくなります。
②
```
 51 0000
  1 0000  →10000が51こ
 51 0000
     1000 →1000が510こ
```
③ 数を10倍すると位が1つ上がり、もとの数の右に0を1こつけた数になります。数を100倍すると、位が2つ上がり、もとの数の右に0を2こつけた数になります。
2①
```
  3.8
 +5.2
  9.0
```
②
```
   7
 +4.6
 11.6
```
③
```
  9.1
 -6.3
  2.8
```
④
```
   8
 -2.7
  5.3
```
⑥ $\frac{8}{10}+\frac{2}{10}=\frac{10}{10}=1$
⑧ $1-\frac{1}{6}=\frac{6}{6}-\frac{1}{6}=\frac{5}{6}$

103ページ まとめのテスト③

1 式 25.2-12.6=12.6　　　　答え 12.6℃
2 式 27÷8=3あまり3

$3+1=4$　　　　　　答え 4 ふくろ

3 45 分たった時こく…午後 4 時 15 分

45 分前の時こく……午後 2 時 45 分

4 ❶ 560g

❷ 2600g（2kg600g または 2.6kg）

5 8cm

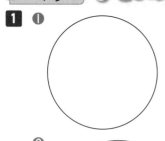
2 あまった 3 こを入れるためのふくろ
がもう 1 ふくろひつようです。

4 ❶❷ 一番小さい目もりは 20g を表していま
す。

5 大きい円の直径は、小さい円の半径 4 つ分の
長さになります。

104 ページ まとめのテスト❹

1 ❶

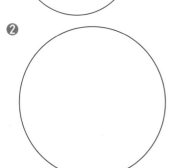

❷

2 ❶ 名前…正三角形

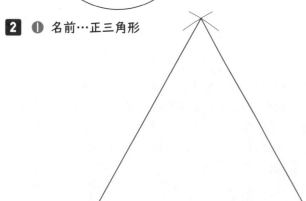

❷ 名前…二等辺三角形

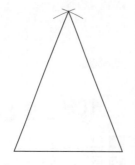

3 ⓘ

4
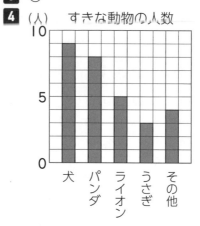

すきな動物の人数

（人）

犬　パンダ　ライオン　うさぎ　その他

2 ❶ 3 つの辺の長さが等しいので、正
三角形になります。

❷ 2 つの辺の長さが等しいので、二等辺三角
形になります。

3 角の大きさは、辺の開き具合でくらべます。

4 ぼうグラフに表すときは、ふつう、数の多い
じゅんにならべます。その他は、数が多くても
さいごにします。

実力判定テスト　答えとてびき……………………

夏休みのテスト①

1 ❶ 9　　❷ 14、6、42、56

2 ❶ 30　　❷ 0　　❸ 0

3 ❶ 1150　　❷ 5901　　❸ 292
　　❹ 5808

4

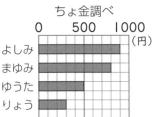

ちょ金調べ

	0	500	1000
			(円)
よしみ			
まゆみ			
ゆうた			
りょう			

5 式 5000−3568＝1432　　　答え 1432円

6 ❶ 式 56÷8＝7　　　答え 7cm
　　❷ 式 56÷7＝8　　　答え 8本

7 45分

8 ❶ 答え 6あまり2　　たしかめ 6×6＋2＝38
　　❷ 答え 5あまり3　　たしかめ 9×5＋3＝48

9 6cm

> **てびき** **9** この円の直径は、正方形の1辺の長さと等しいので、12cmです。

夏休みのテスト②

1 ❶ 50　　❷ 0　　❸ 0
　　❹ 3　　❺ 0　　❻ 1

2 ❶ 663　　❷ 8061　　❸ 577
　　❹ 388

3 ❶ あ23　　い13　　う36　　え14　　お7
　　　か21　　き37　　く20　　け57
　　❷ 57台

4 式 875−658＝217　　　答え 217まい

5 ❶ 式 45÷9＝5　　　答え 5こ
　　❷ 式 45÷5＝9　　　答え 9人

6 2時間30分

7 式 28÷6＝4あまり4　4＋1＝5　　答え 5台

8 たて…24cm　横…16cm

> **てびき** **3** ❷ 表のけに入る数が、10分間に、校門の前の道を通った乗用車とトラックの台数の合計になります。
>
> **8** 箱のたての長さはボールの直径の3こ分の長さで、横の長さは直径の2こ分の長さです。

冬休みのテスト①

1 ❶ 240　　❷ 4500　　❸ 336
　　❹ 3647　　❺ 410　　❻ 1636

2 ❶ 10　　❷ 31

3 ❶ 72051064　　❷ 832000
　　❸ 100000000　　❹ 5260

4 ❶ 6050　　❷ 2、78

5 ❶ 43　　❷ 8、2　　❸ 6.1

6 ❶ 3.1　　❷ 8.6　　❸ 3.3　　❹ 0.7

7 ❶ $\frac{3}{6}$　　❷ $\frac{6}{7}$　　❸ $\frac{5}{9}$　　❹ $\frac{8}{10}$

8 ❶ 式 $\frac{5}{8}+\frac{3}{8}=1$　　　　　答え 1L
　　❷ 式 $\frac{5}{8}-\frac{3}{8}=\frac{2}{8}$　　　　答え $\frac{2}{8}$L

> **てびき** **6** ❹ $\begin{array}{r} 7.0 \\ -6.3 \\ \hline 0.7 \end{array}$　7を7.0と考えると、位をそろえやすくなります。
>
> **8** ❶ $\frac{1}{8}$が5こ分と$\frac{1}{8}$が3こ分を合わせて$\frac{1}{8}$が8こ分だから、$\frac{8}{8}=1$です。

冬休みのテスト②

1 ❶ 480　　❷ 4900　　❸ 148
　　❹ 2334　　❺ 3224　　❻ 4320

2 ❶ 10　　❷ 11

3 ㋐ 7400万　　㋑ 8700万　　㋒ 9500万
　　㋓ 1億

4 きょり…750m　道のり…1km100m

5 ❶ 9.3　　❷ 1.6　　❸ 1　　❹ $\frac{6}{10}$

6 ❶ <　　❷ ＝

7 ❶ 式 $\frac{3}{7}+\frac{2}{7}=\frac{5}{7}$　　　　答え $\frac{5}{7}$m
　　❷ 式 $\frac{3}{7}-\frac{2}{7}=\frac{1}{7}$　　　　答え $\frac{1}{7}$m

8 二等辺三角形

9 ❶ 正三角形　　　❷ 二等辺三角形

> **てびき** **3** いちばん小さい1目もりは、10こで1000万になる数だから100万を表します。
>
> **6** $\frac{1}{10}=0.1$を使って考えましょう。
>
> **8** 三角形の2つの辺の長さは、円の半径の長さと等しくなります。

23

学年末のテスト①

1 ❶ 0 　❷ 50 　❸ 266
　❹ 1176 　❺ 41 　❻ 8あまり5
　❼ 822 　❽ 386

2 20分

3 ❶ 2、750 　❷ 8030

4 ❶ 7.3 　❷ 7 　❸ 0.9
　❹ 1.9 　❺ $\frac{6}{7}$ 　❻ $\frac{4}{5}$

5 ❶ 8000 　❷ 2000 　❸ 2500
　❹ 6、450

6 ❶ 3478 　❷ 3995 　❸ 14712
　❹ 44384

7 式 □＋23＝50 　　　答え 27まい

8 式 8×4＝32 　　　答え 32本

> **てびき**
> **2** 午前10時55分から午前11時まで5分、午前11時から午前11時15分まで15分なので、合わせて20分です。
> **3** 1km＝1000mです。
> **4** ❻ 1＝$\frac{5}{5}$ として計算します。
> **5** 1kg＝1000g、1t＝1000kgです。

学年末のテスト②

1 ❶ ㋐35 　㋑34 　㋒31 　㋓30 　㋔32
　　㋕38 　㋖100
　❷ 西町

2 しょうりゃく

3 5800、58000、580000、58

4 ㋐と㋑

5 ❶ 420g 　❷ 2700g（2kg700g）

6 式 1200－300＝900 　　　答え 900g

7 式 63÷□＝7 　　　答え 9人

8 式 24÷6＝4 　　　答え 4倍

9 ❶ 64 　❷ 4745 　❸ 8878
　❹ 39445

> **てびき**
> **1** ❷ ㋔、㋕、㋖に入る数をくらべます。
> **3** ある数を10倍すると、位が1つ上がります。また、一の位に0のある数を10でわると、位が1つ下がります。
> **4** 二等辺三角形の2つの角の大きさは等しくなっています。
> **5** ❶ 1000gまではかれるはかりで、一番小さい1目もりは20gを表しています。
> **6** 1kg200gを1200gとして考えます。

まるごと 文章題テスト①

1 ❶ 式 2194＋1507＝3701 　答え 3701まい
　❷ 式 2194－1507＝687 　答え 687まい

2 式 42÷7＝6 　　　答え 6問

3 午前7時50分

4 式 237×5＝1185 　　　答え 1185m

5 式 76÷8＝9あまり4
　　　答え 9本になって、4本あまる。

6 式 90÷9＝10 　　　答え 10本

7 式 2.5－1.6＝0.9
　　　答え やかんが0.9L多く入る。

8 式 $\frac{4}{5}＋\frac{1}{5}＝1$ 　　　答え 1m

9 式 155×23＝3565
　　4000－3565＝435 　　　答え 435円

> **てびき**
> **2** 1週間は7日なので、42問を7つに分けます。
> **3** 午前8時15分より25分前の時こくを考えます。
> **5** あまった本数がわる数の8より小さいことをたしかめましょう。
> **9** まず、買ったボールペンの代金を計算します。

まるごと 文章題テスト②

1 式 8524－4897＝3627 　　　答え 3627こ

2 式 35÷7＝5 　　　答え 5つ

3 式 400×2×3＝2400 　　　答え 2400円

4 式 6300÷10＝630 　　　答え 630まい

5 式 60÷7＝8あまり4 　　　答え 8本

6 式 8.3＋3.8＝12.1 　　　答え 12.1cm

7 式 $\frac{7}{9}－\frac{2}{9}＝\frac{5}{9}$ 　　　答え $\frac{5}{9}$L

8 式 1400－450＝950 　　　答え 950g

9 式 28×52＝1456 　　　答え 14m56cm

10 式 39÷3＝13 　　　答え 13こ

> **てびき**
> **3** 先にさっ数を考えると、2×3＝6より6さつひつようです。400×6＝2400より2400円と考えることもできます。
> **5** あまりの4dLでは7dL入ったびんは作れないので、あまりは考えません。
> **6** 38mm＝3.8cmです。単位をそろえてから計算します。8.3cmを83mmとして計算して、答えをcmになおすしかたもあります。
> **8** 1kg400gを1400gとして考えます。
> **9** 答えを書くときの単位に気をつけましょう。

3 2 1 0 9 8 7 6 5 4
＊ ＊ D C B A